architecture materials
glass verre glas

architecture materials
glass verre glas

Editorial coordination, editor: Simone Schleifer
Text: Florian Seidel
English translation: Chris Michalski for LocTeam, Barcelona
French translation: Marie Girardin for LocTeam, Barcelona
Typesetting and text editing: LocTeam, Barcelona
Art director: Mireia Casanovas Soley
Graphic design and layout: Laura Millán

ISBN 978-3-8365-0405-8

Printed in China

Contents
Sommaire
Inhalt

Introduction

Glass is created by melting together various inorganic substances, the most important of which is silicon dioxide, otherwise known as sand. Other ingredients may include sodium oxide, calcium oxide or magnesium oxide. In fact, almost any chemical element can be added to molten glass to give the finished product distinct properties. Leaded glass, for example, is quite shiny, while other additives, such as cobalt oxide or uranium dioxide, produce fantastic colours. Depending on its chemical composition, glass can be used for an extraordinary number of purposes.

Yet in a certain sense, glass is a contradictory material. Is it a solid or a cooled liquid? Depending on the intention, it can stand out in a structure or object or it can be made virtually invisible. It has been used for thousands of years and yet is always being improved and developed. It can be incredibly solid and durable but can shatter into pieces instantaneously.

The most important property of glass is, of course, its transparency or translucence. The fact that we can see through glass as if it were not there makes it endlessly fascinating. Glass is also remarkably versatile: depending on the angle, a pane of glass can reflect light, rendering it difficult to see through, or it can be completely transparent. Another key property of glass is its chemical stability. Glass does not weather or visibly age and is therefore a timeless material.

Glass is a good conductor of heat, and as a result it cannot be readily used as a building material. Today's insulated glass, however, can be utilized without difficulty even in colder regions, thanks to the use of chemical additives which ensure that it does not become too hot when exposed to the sun and that it transfers heat without significant loss.

No one knows how long humans have been making glass, but it is clear that as early as 4000 BCE it was used as a glaze for pearls. Every advance in the production of glass has led to new applications. The development of glassblowing led to the production of the first windowpanes, though they were at first quite small, and the Romans were already using glass in their buildings. Decisive for the utilization of glass as a building material was the development of rolling plate and casting methods, which allowed increasingly large, transparent and thin panes of glass to be manufactured.

Interestingly, it was developments in gardening that led to a much more widespread use of glass in construction. Exotic plants could only survive the winter in northern climates inside greenhouses and orangeries. These exotic plants were considered a status symbol and were used for the purposes of research or as raw materials that were then processed in factories. Glass forged a new interaction between the indoors and outdoors. Nature could be integrated into buildings to such an extent that the buildings themselves had a new, direct relation to their surroundings.

It is telling that the famous Crystal Palace of the Great Exhibition in London in 1851, the first world fair, (see page 12) was the brainchild of a landscape architect, Joseph Paxton. When the more than 200 plans submitted to the competition for the exhibition building proved unsatisfactory and time began running out, Paxton put together a draft based on the latest advances in greenhouse architecture in just ten days. The 600-metre-long and 100-metre-wide Crystal Palace, in which even the large trees of London's Hyde Park could fit, showed the incredible potential of the new glass architecture to an astonished public from all over the world. It was not just its incredible dimensions that amazed, but also the record-setting construction time of 17 weeks

also demonstrated that if properly used, glass was superior to all other known construction materials.
From that moment on, glass was no longer just a material out of which window panes or decorative mirrors could be produced. Indeed, 1851 represented a milestone for glass architecture, with the creation of entirely new spatial possibilities and a whole new aesthetic.
Crowds had hardly begun flocking to the Great Exhibition when the first critical opinions emerged. Was this giant glass box even architecture? How would architecture develop in the future if the only thing it could offer was transparency? Where was the eye supposed to rest? And what was to become of classical architecture and construction?
One hundred and fifty years later these questions are as relevant as ever. Still, the dark 19th-century forebodings that the end of traditional architecture was imminent have not been realized. On the contrary, architecture has been immeasurably enriched by the widespread use of glass. And yet, as with every construction material, the potential and limitations of glass must be thoroughly understood and respected. Only then can a glass building be considered a true architectural masterpiece.
One such architectural masterpiece and a work that continues to serve as a standard for glass construction is the wonderful Farnsworth House by Mies van der Rohe (see page 13). Designed in 1951, this steel-and-glass structure seems almost to float over the shores of the Fox River in Plano, Illinois.
In his design, Mies – who also masterfully used other materials, such as wood, stone and steel, with an incredible sense of when and how to use each – prefigured the innovative features of many of the houses presented in this book. The breakup of the extensive, contiguous wall, so characteristic of Farnsworth House, expresses a fundamentally positive, affirmative attitude towards the surroundings and the world itself. Nature in all its forms of expression is a daily companion of the house's inhabitants. This can also be seen in the radiant white structural supports, which instead of relying on standard, proven solutions, made use of all the possibilities offered by technology at the time. The formal reduction and perfect proportions move the observer to focus on the house's essential elements. The combination of steel-and-glass architecture with such other well selected materials as travertine marble or tropical hardwood makes Farnsworth House warm and inviting and removes the cold feeling of an exhibition hall. Farnsworth House has become an archetype for glass architecture, setting the standard for future works. Its features have been re-interpreted over and over again and can be seen in many of the other houses presented here.

Introduction

Le verre provient de la fusion de différentes substances inorganiques. La plus importante d'entre elles est la silice, plus connue sous le nom de sable. Les autres composés possibles sont l'oxyde de sodium, l'oxyde de calcium ou encore l'oxyde de magnésium. Il existe à peine un élément chimique qui, ajouté au mélange de base pour fabriquer un objet en verre par fusion, ne confère des propriétés particulières au matériau. Le verre au plomb, par exemple, qui se distingue par un degré de brillance très élevé et la présence d'autres éléments, tels que l'oxyde de cobalt ou l'oxyde d'uranium, fait surgir de magnifiques couleurs. Les champs d'application du verre sont, selon sa composition chimique, extrêmement variés.
D'une certaine manière, le verre est aussi un matériau contradictoire. S'agit-il d'un corps solide ou d'un liquide refroidi ? Selon l'intention, il peut être mis au premier plan ou simplement rendu invisible. On l'utilise depuis des milliers d'années, sans cesser de le perfectionner. Incroyablement compact et résistant, il peut également se briser en une fraction de seconde.
La propriété principale du verre est, bien entendu, sa transparence ou translucidité. Le fait que nous pouvons voir à travers le verre, comme s'il n'existait pas matériellement, explique la grande fascination qu'il exerce. Le verre est par ailleurs capable de métamorphose : selon la pénétration de la lumière et l'angle, une vitre peut réfléchir la lumière et gêner la vue ou bien être totalement transparente. Autre propriété majeure du verre : sa grande constance chimique. Le verre ne se dégrade pas, son âge ne transparaît pas ; il s'agit donc d'un matériau intemporel et noble.
Le verre étant un conducteur de chaleur, il ne peut pas être utilisé tel quel comme matériau de construction. Toutefois, l'utilisation du verre isolant d'aujourd'hui ne pose aucun problème dans des régions froides : certains composants chimiques empêchent son trop grand réchauffement, en cas de fort ensoleillement, et la transmission de la chaleur absorbée.
Un mystère subsiste : depuis combien de temps l'homme connaît-il le verre ? On sait qu'il était utilisé déjà 4 000 ans avant notre ère pour le lustrage des perles. Chaque progrès dans la fabrication du verre a également débouché sur de nouveaux usages possibles. Le développement du verre soufflé a conduit à la fabrication des premières vitres, encore bien petites, même si les Romains en dotaient déjà leurs bâtiments à l'époque. La technique industrielle du rouleau compresseur et de la fonte, qui a permis la fabrication de vitres toujours plus grandes, plus transparentes et plus fines, fut cependant décisive dans l'utilisation du verre en tant que matériau de construction.
Curieusement, ce fut surtout l'évolution de l'art des jardins qui contribua fortement à faire du verre un matériau toujours plus exploité dans le secteur de la construction. Sous des latitudes septentrionales, les plantes exotiques pouvaient hiverner uniquement dans des serres et des orangeries. Ces plantes avaient valeur de signe extérieur de richesse, étaient utilisées dans la recherche scientifique ou comme matières premières, transformées dans des manufactures. Le verre permettait l'instauration d'une relation étroite encore inconnue à l'époque entre l'usage à l'intérieur et celui à l'extérieur. La nature se laissa ainsi intégrer aux bâtiments qui, de leur côté, connurent un tout nouveau genre de rapport direct, avec leur environnement.
Le célèbre Crystal Palace de la première Exposition universelle de 1851 à Londres (voir p. 12), œuvre du paysagiste Joseph Paxton, est caractéristique de cette nouvelle tendance. Les plus de 200 travaux présentés pour le concours du bâtiment d'exposi-

tion n'aboutirent à aucun résultat satisfaisant et la date de l'exposition approchait à grands pas. En l'espace de 10 jours, Paxton conçut un projet sur la base de la technique des serres d'autrefois. Le Crystal Palace, de près de 600 m de long et de plus de 100 m de large, dont la hauteur dépassait celle des arbres de Hyde Park, attira des visiteurs du monde entier. Le public était médusé non seulement par ses dimensions extravagantes et l'énorme potentiel qu'offrait une nouvelle architecture en verre, mais aussi parce que l'ouvrage démontrait qu'en un laps de temps étonnamment court de 17 semaines, la technique de la construction en verre, à condition d'utiliser correctement le matériau, surpassait toutes celles connues jusqu'ici dans le bâtiment. Dès lors, le verre ne fut plus un matériau quelconque grâce auquel on pouvait fabriquer des vitres ou des miroirs pour embellir des bâtiments. L'année 1851 devint la date de référence pour l'architecture du verre : il modifiait totalement la qualité d'une pièce et créait une esthétique toute nouvelle.
À peine les masses accouraient-elles à la première Exposition universelle que les premières critiques se firent déjà entendre : cette énorme boîte en verre était-elle seulement de l'architecture ? Que deviendrait l'architecture si elle n'avait rien de plus que sa transparence à offrir ? Sur quoi l'œil devait-il s'appuyer ? Et qu'adviendrait-il de l'architecture et de l'art de la construction classiques ?
Aujourd'hui encore, plus de 150 ans plus tard, cette discussion est toujours d'actualité. Les sombres appréhensions du XIXe siècle, qui sous-entendaient que la fin de l'architecture traditionnelle était proche, ne se sont toutefois pas avérées. Bien au contraire : l'architecture s'est infiniment enrichie de l'utilisation de grandes surfaces de verre. Néanmoins, le verre est un matériau de construction qui, comme tous les autres, doit être compris et employé correctement, en tenant compte de toutes ses possibilités et de toutes ses limites. Alors, un bâtiment peut devenir un bijou de verre. Un tel chef-d'œuvre, auquel chaque architecture de verre doit, encore aujourd'hui, se mesurer, existe : il s'agit de la magnifique Farnsworth House, construite en 1951 par Mies van der Rohe (voir p. 13), une structure tout de verre et d'acier qui paraît suspendue dans les airs, au bord de la rivière Fox à Plano, dans l'Illinois.
Mies, qui du reste utilisait magistralement d'autres matériaux tels que le bois, la pierre ou l'acier avec un respect légitime, anticipa sur de nombreuses idées de maisons présentées dans ce livre. À travers la paroi enveloppante de grande dimension de la Farnsworth House, sa principale caractéristique, s'exprime une attitude fondamentalement positive et affirmative à l'égard de l'environnement et du monde. La nature dans toutes ses formes d'expression devient le compagnon quotidien de l'habitant. Cet aspect est également visible dans le système de support d'un blanc éclatant pour lequel on a osé exploiter les possibilités qu'offraient les nouvelles techniques, au lieu de recourir à ce que l'on connaissait pour l'avoir maintes fois éprouvé. La réduction formelle et les proportions parfaites attirent le regard sur l'essentiel. L'association entre l'architecture de verre et d'acier et d'autres matériaux de choix, comme le travertin ou les bois précieux, rend la Farnsworth House confortable et agréable, sans lui donner la froideur d'un pavillon d'exposition. La Farnsworth House est devenue un symbole de l'architecture en verre, une référence qui a été, depuis, constamment réinterprétée et transparaît dans de nombreuses maisons figurant dans cet ouvrage.

Einleitung

Glas entsteht durch das Verschmelzen verschiedener anorganischer Substanzen. Die wichtigste davon ist Siliziumdioxid, also einfacher Sand; weitere Bestandteile können Natriumoxid, Kalziumoxid oder auch Magnesiumoxid sein. Tatsächlich gibt es kaum ein chemisches Element, das nicht zu irgendeinem Zweck der Glasschmelze zugesetzt wird, um dem Glas besondere Eigenschaften zu verleihen. Bleiglas hat zum Beispiel einen besonders hohen Glanzgrad, andere Elemente, etwa Kobaltoxid oder Uranoxid, erzeugen wunderbare Farben. Die Anwendungsbereiche des Glases sind je nach chemischer Zusammensetzung immens vielfältig.
Glas ist in gewisser Weise auch ein widersprüchliches Material. Ist es ein Feststoff oder eine erkaltete Flüssigkeit? Es kann je nach Intention in den Vordergrund gerückt oder geradezu unsichtbar werden. Es kann unglaublich fest und zäh sein, aber auch in Sekundenbruchteilen zersplittern. Es wird seit Jahrtausenden verwendet, aber ständig weiterentwickelt.
Die wichtigste Eigenschaft des Glases ist natürlich die Transparenz oder Transluzenz. Die Tatsache, dass wir durch Glas hindurchsehen können, als sei es stofflich oder materiell nicht vorhanden, macht seine große Faszination aus. Glas ist zudem enorm wandlungsfähig: Eine Glasscheibe kann je nach Lichteinfall und Blickwinkel das Licht reflektieren und damit den Durchblick erschweren oder aber völlig durchsichtig sein. Eine weitere zentrale Eigenschaft ist die große chemische Beständigkeit. Glas verwittert nicht, man sieht ihm sein Alter nicht an, es ist damit ein zeitloses, edles Material.
Glas ist ein guter Wärmeleiter, sodass es nicht ohne weiteres als Baustoff eingesetzt werden kann. Das heutige Isolierglas jedoch macht seine Verwendung auch in kalten Regionen vollkommen unproblematisch, und durch bestimmte chemische Zusätze wird vermieden, dass es sich bei starker Sonneneinstrahlung zu sehr aufheizt und die Wärme ungemindert weitergibt.
Es bleibt ein Geheimnis, wie lange der Mensch Glas bereits kennt. Sicher ist jedoch, dass es schon 4.000 Jahre vor unserer Zeitrechnung als Glasur für Perlen verwendet wurde. Jeder Fortschritt bei der Glasherstellung brachte auch neue Einsatzmöglichkeiten mit sich. Die Entwicklung der Glasbläserei führte zur Herstellung der ersten Glasscheiben, die zwar noch recht klein waren, aber bereits die Römer setzten auf diese Weise gefertigte Scheiben in ihre Gebäude ein. Entscheidend für die Verwendung von Glas als Baumaterial war jedoch der industrielle Einsatz von Walz- und Gusstechniken, die die Fertigung immer größerer, immer transparenterer und immer dünnerer Glasscheiben erlaubten.
Interessanterweise war es vor allem die Entwicklung der Gartenkunst, die den Einsatz von Glas als Baumaterial stark förderte. Nur durch Gewächshäuser und Orangerien konnten in nördlichen Breiten exotische Pflanzen überwintern, die als Statussymbole galten, zu Studienzwecken benutzt wurden oder als Grundstoffe dienten, die in Manufakturen weiterverarbeitet wurden. Das Glas machte es damit möglich, Innen- und Außenbereiche in eine bis dahin nicht gekannte Wechselbeziehung zu setzen. Die Natur ließ sich solcherart in Gebäude integrieren, die wiederum selbst einen neuen, direkten Bezug zu ihrer Umgebung erhielten.
Es ist bezeichnend, dass der berühmte Glaspalast der ersten Weltausstellung 1851 in London (siehe Seite 12) das Werk eines Gartenarchitekten, Joseph Paxton, war. Nachdem ein Wettbewerb für ein Ausstellungsgebäude mit über 200 eingereichten Arbeiten kein befriedigendes Ergebnis geliefert hatte und der Zeitpunkt der Ausstellung immer näher rückte, entwickelte Paxton innerhalb von 10 Tagen einen Entwurf auf der Basis der damaligen Gewächshaustechnik. Der fast 600 m lange und über 100 m breite

Glaspalast, in dem die hohen Bäume des Londoner Hyde Park Platz fanden, führte einem staunenden Publikum aus aller Welt nicht nur durch seine gewaltigen Dimensionen das ungeheuere Potential einer neuen Glasarchitektur vor Auge. Er demonstrierte zudem durch seine rekordverdächtige Bauzeit von nur 17 Wochen, dass Glas als Baumaterial, richtig angewandt, allen bisherigen Bautechniken überlegen war.

Von da an war Glas nicht mehr nur irgendein Material, aus dem man Fensterscheiben herstellen oder Spiegel für den Schmuck von Gebäuden anfertigen konnte: Das Jahr 1851 setzte den Meilenstein für die Glasarchitektur, die völlig veränderte Raumqualitäten und eine neue Ästhetik schuf.

Kaum dass die Massen zur ersten Weltausstellung zusammengeströmt waren, wurden auch schon die ersten kritischen Stimmen laut: War dieser riesige Glaskasten überhaupt Architektur? Wohin würde sich die Architektur entwickeln, wenn sie nichts anderes mehr als Transparenz zu bieten hätte? Woran sollte das Auge Halt finden? Und was sollte aus der klassischen Architektur und Bauweise werden?

Auch heute noch, gut 150 Jahre später, hat die Diskussion nichts an Aktualität eingebüßt. Die düsteren Befürchtungen im 19. Jahrhundert, dass das Ende der traditionellen Architektur erreicht sei, haben sich allerdings nicht bewahrheitet. Ganz das Gegenteil ist der Fall: die Architektur wurde durch die großflächige Verwendung von Glas unendlich bereichert. Dennoch ist Glas ein Baumaterial, das genau wie alle anderen auch in all seinen Möglichkeiten und Beschränkungen richtig verstanden und eingesetzt werden muss. Ist dies der Fall, kann ein Gebäude zu einem gläsernen Meisterwerk werden.

Ein solches Meisterwerk und ein Haus, an dem sich bis heute jede Glasarchitektur messen lassen muss, ist das wunderbare Farnsworth House von Mies van der Rohe aus dem Jahr 1951 (siehe Seite 13), eine allseits verglaste, wie schwebend wirkende Stahl-Glas-Konstruktion am Ufer des Fox River in Plano, Illinois.

Mit diesem Haus nahm Mies, der ja im Übrigen auch andere Materialien, wie Holz, Stein oder Stahl, meisterhaft einzusetzen verstand und jeweils zu ihrem Recht kommen ließ, bereits viele Gedanken der in diesem Buch vorgestellten Häuser vorweg. In der weitgehenden Auflösung der umschließenden Wand, die Farnsworth House auszeichnet, drückt sich eine grundsätzlich positive, bejahende Haltung zur Umgebung und zur Welt aus. Die Natur in all ihren Ausdrucksformen wird zum alltäglichen Begleiter der Bewohner. Zu erkennen ist dies auch anhand des strahlend weißen Tragsystems, bei dem die damals aktuellen Möglichkeiten der Technik genutzt werden, anstatt auf Gewohntes, vielmals Erprobtes zurückzugreifen. Die formale Reduktion und perfekte Proportion lenkt den Blick auf das Wesentliche. Die Kombination der Stahl-Glas-Architektur mit weiteren erlesenen Materialien, wie Travertin oder Edelhölzern, macht Farnsworth House wohnlich und behaglich und nimmt ihm die Kälte eines Ausstellungspavillons. Farnsworth House ist so zu einem Archetypus der Glasarchitektur geworden, der Maßstäbe gesetzt hat, die seitdem immer neu interpretiert wurden und bei vielen hier abgebildeten Häusern durchscheinen.

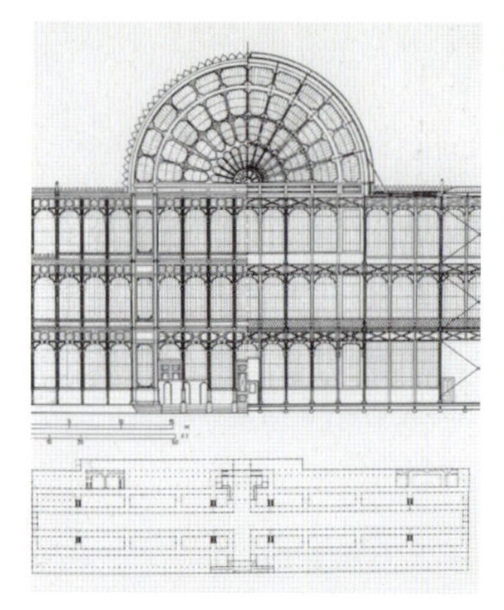

The Crystal Palace

London, United Kingdom 1851
Joseph Paxton
Photos © Library of Congress, Prints and Photographs Division

Farnsworth House

Plano, Illinois, United States, 1951
Mies van der Rohe
Photos © Rui Morais de Sousa

Exteriors
Extérieurs
Außenansichten

Mimetic House

Dromaheir, Ireland, 2006
Dominic Stevens
Photos © Ros Kavanagh

This house, built in the middle of green fields and meadows, defies classical categorization and dwells on the boundaries of standard perception. Built for two artists who work in different locations, it consists of an underground part, which includes the main entrance, and an above-ground, glass-encased multipurpose room. The two levels are connected by a newel staircase. Owing to the use of semi-reflective glass, depending on the perspective and light dynamics either the building appears entirely transparent or it reflects the surrounding landscape, making it impossible to see in. The material also has a peculiar effect on the view outwards: the surrounding landscape doesn't seem real, rather it looks distorted. For anyone who wants to live in the country and really experience nature, explains the architect, that's why there is a door.

La maison, située au milieu de champs et de prés verdoyants, se soustrait aux catégories classiques de l'architecture et se revendique à la frontière de la perception. Construite pour deux artistes qui travaillent en divers endroits, elle consiste en une aile de bâtiment souterraine, abritant également l'accès principal, et une pièce polyvalente vitrée qui s'élève au-dessus du sol. On accède d'un plan à l'autre par un escalier en colimaçon. Grâce à l'utilisation d'un verre semi-réfléchissant, une partie du bâtiment est totalement transparente et sur le reste, le reflet du paysage environnant dans le vitrage empêche les regards de pénétrer à l'intérieur, selon l'angle de vue et le poste d'observation. De l'intérieur, on a une perception également distanciée de l'extérieur, comme si sa déformation rendait l'environnement irréel. L'architecte explique ainsi son intention : « Quand on vit à la campagne comme ici et que l'on souhaite se fondre dans la nature, il suffit de franchir le seuil. »

Das Haus inmitten grüner Felder und Wiesen verweigert sich klassischen Kategorien der Architektur und fragt nach dem Grenzbereich der Wahrnehmung. Gebaut für zwei Künstler, die an mehreren verschiedenen Orten arbeiten, besteht es aus einem unterirdischen Gebäudetrakt, der auch den Hauptzugang des Gebäudes aufnimmt, und einem oberirdischen, verglasten Mehrzweckraum. Die Verbindung der beiden Ebenen erfolgt über eine Spindeltreppe. Durch die Verwendung von semi-reflektierendem Glas erscheint das Gebäude von außen je nach Lichtsituation und Blickwinkel des Betrachters mal vollkommen durchsichtig, mal spiegelt es in seiner Verglasung die umliegende Landschaft und verhindert so die Einsicht ins Innere. Auch der Blick von innen nach außen wird dadurch verfremdet: die Umgebung wirkt nicht real, sondern wie ein Zerrbild ihrer selbst. Lebt man allerdings auf dem Land und möchte wirklich die Natur erleben, so erläutert jedenfalls der Architekt seine Intention, dann geht man einfach vor die Tür.

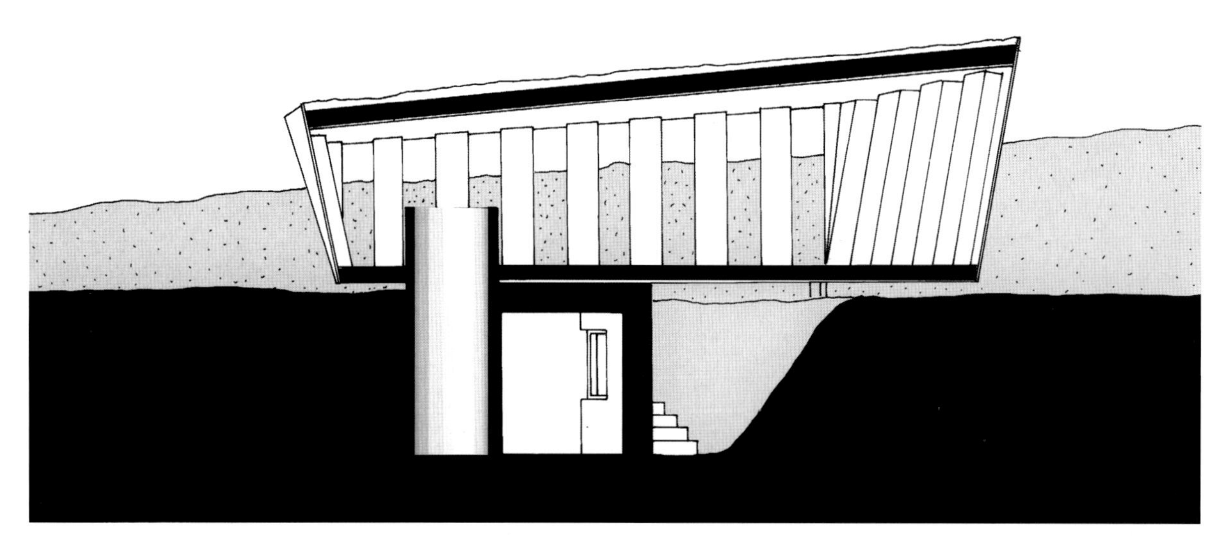

Section · Section · Schnitt

The façade consists of vertical glass strips, some transparent, some reflective. When it is dark, the house becomes a minimalistic light-sculpture.

La façade se compose de panneaux verticaux vitrés, pour moitié transparents et pour l'autre réfléchissants. Dans l'obscurité, la maison se transforme en une sculpture de lumière minimaliste.

Die Fassade besteht aus vertikalen Glasstreifen, die teils transparent, teils reflektierend sind. Bei Dunkelheit wird das Haus zu einer minimalistischen Lichtskulptur.

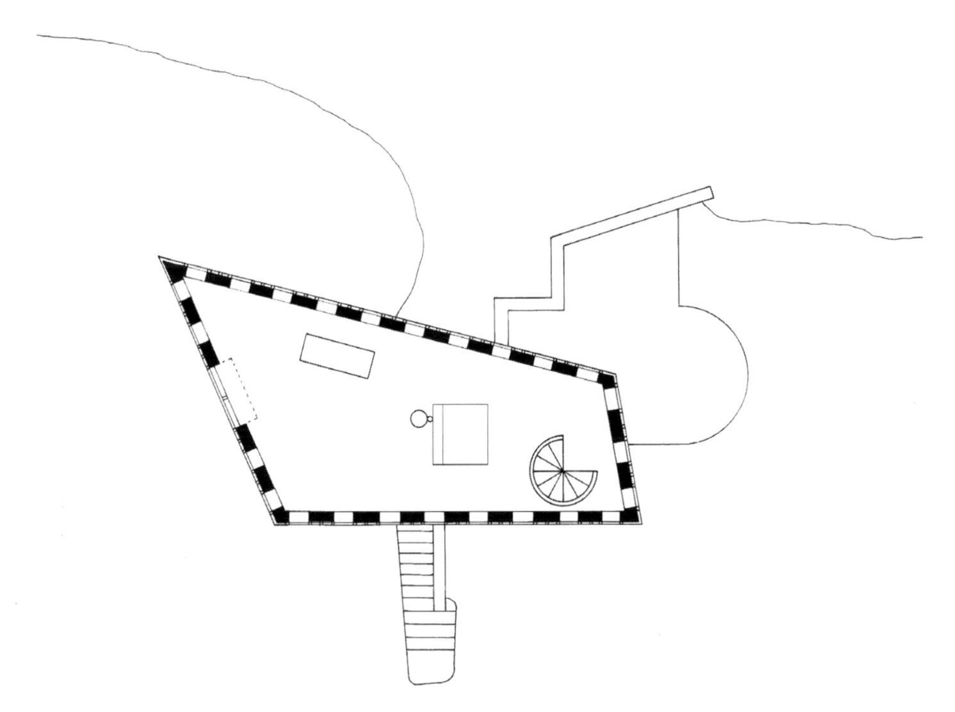

First floor · Premier étage · Erstes Obergeschoss

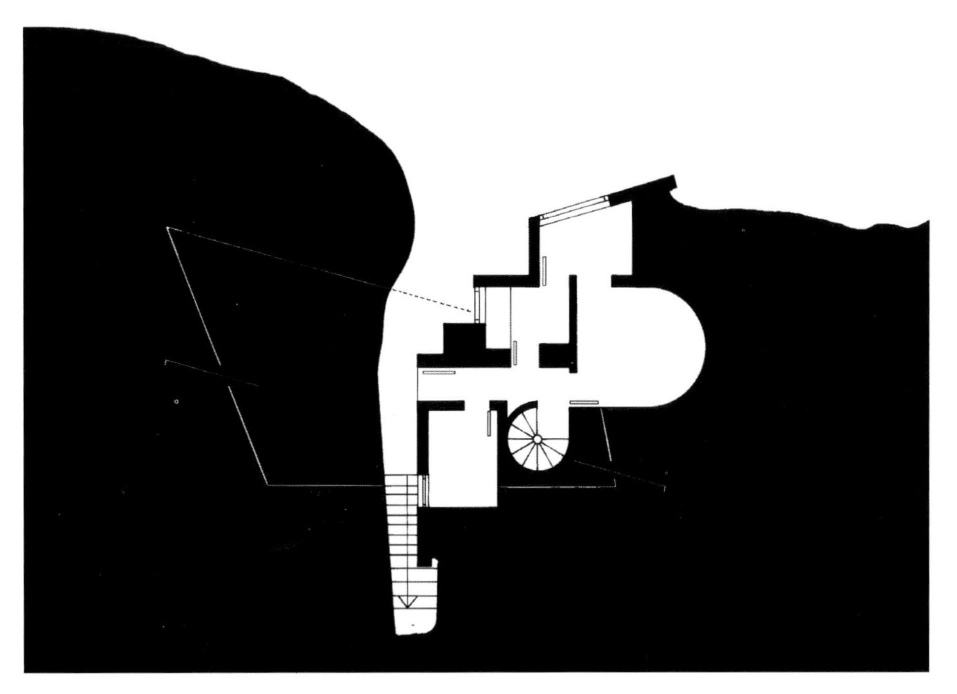

Ground floor · Rez-de-chaussée · Erdgeschoss

Glass house Wolfern

Wolfern, Austria, 2004
Hertl Architekten
Photos © Paul Ott

This glass house is an extension to an existing, more conventional building intended to allow subtropical plants to survive the winter. The addition adapts to the basic shape of the house with its gabled roof, while extending this shape into the garden. The extension's front wall is set at an angle to lend the newly-built terrace a stronger relation to the garden. The façade is defined by the different levels of transparency of the materials – glass, polycarbonate sheets with perforated plate covering and rusted steel panels. Depending on the incidence and intensity of the light, the perforated plates can give the impression of being solid or almost transparent, sometimes resembling steel panels, sometimes more like glass. As a result, the appearance of the extension is constantly changing. When night falls, the glass house becomes light, almost ephemeral, while during the day it seems monolithic. The sauna in the basement of the extension also plays with different light dynamics, though these dynamics are artificially produced by the colour projection of a birch forest.

Cette construction en verre, une aile accolée à une autre plus conventionnelle, doit permettre l'hivernage de plantes subtropicales. Elle s'appuie sur la forme de la maison avec un toit en pente et la prolonge en quelque sorte dans le jardin. La partie inférieure du fronton de l'annexe, coupé en biais, permet de relier plus étroitement la terrasse nouvellement construite et le jardin. Divers degrés de transparence du matériau définissent les façades de cette partie de l'habitation : le verre, les plaques de polycarbonate revêtu de tôle perforée et enfin une tôle d'acier rouillé. Dépendante de l'incursion et de l'intensité de la lumière, la tôle perforée peut paraître tour à tour massive ou presque transparente et s'apparenter plutôt à de la tôle en acier rouillé ou à du verre. L'aspect extérieur de cette aile varie ainsi constamment. À la tombée de la nuit, la maison de verre, semblable à un monolithe dans la journée, se métamorphose en une structure légère et presque aérienne. Le sauna dans la cave de l'annexe joue également avec les différentes influences de la lumière reflétée artificiellement sur le bois de bouleau.

Das Glashaus ist ein Anbau an ein bestehendes, eher konventionelles Wohnhaus; es soll die Überwinterung von subtropischen Pflanzen ermöglichen. Der Anbau nimmt die Grundform des Hauses mit seinem Satteldach auf und verlängert sie gewissermaßen in den Garten hinein. Die Stirnwand des Anbaus ist schräg gestellt, um der ebenfalls neu gebauten Terrasse einen stärkeren Bezug zum Garten zu geben. Glas, Polycarbonatplatten mit einer Lochblechüberdeckung und schließlich rostiges Stahlblech bestimmen mit ihren unterschiedlichen Transparenzen die Fassade. Abhängig von Einfall und Stärke des Lichts kann das Lochblech entweder massiv oder nahezu transparent erscheinen und je nachdem eher wie Stahlblech oder aber wie Glas aussehen, sodass sich der Anbau in seinem Erscheinungsbild beständig verändert. Bei Einbruch der Nacht verwandelt sich das tagsüber wie ein Monolith wirkende Glashaus in ein leichtes, fast flüchtiges Gebilde. Die Sauna im Keller des Anbaus spielt ebenfalls mit unterschiedlichen Lichtstimmungen, die jedoch durch die farbige Projektion eines Birkenwaldes künstlich erzeugt werden.

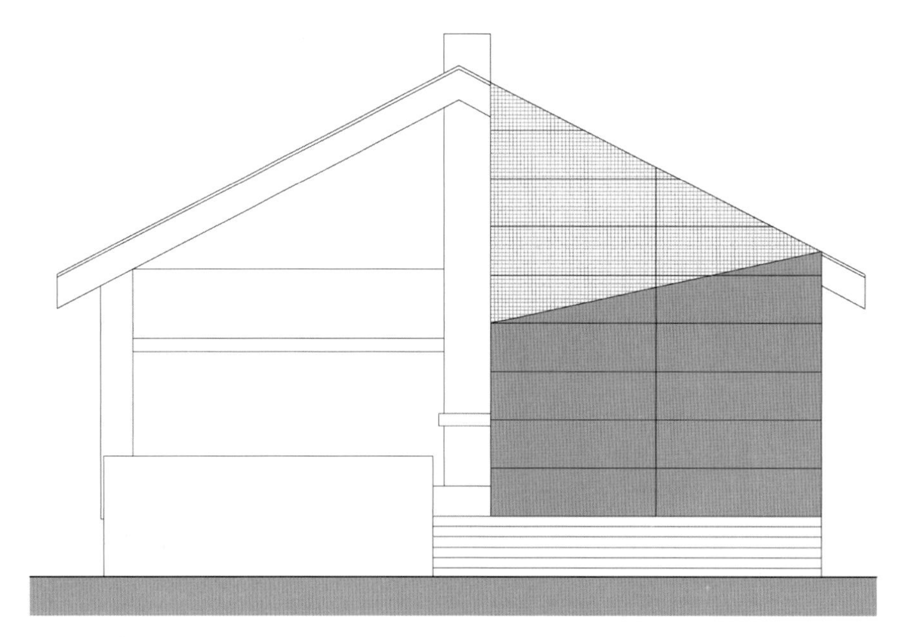

Elevation · Élévation · Aufriss

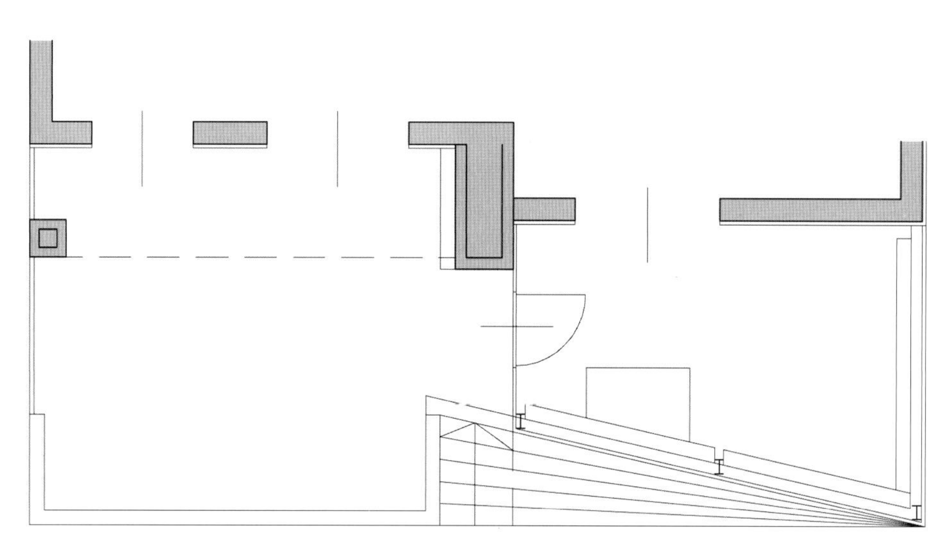

Plan · Plan · Grundriss

Villa Bio

Figueras, Spain, 2004
Cloud 9
Photos © Luis Ros

Cloud 9, the Catalonia-based group of architects, is always striving to defy the boundaries of architecture. Many of their projects involve light projections or pneumatic objects. The architects see this house – the "Platform" – first and foremost as a "linear progression of events". The linearity is implemented in a kind of inhabitable, interleaved ramp, the cross-section of which resembles the letter C. The ramp spirals upwards, ending in a roof-top garden. The design's deep overhangs were made possible by the use of reinforced concrete. The wave-shaped pattern milled into the concrete panels on the façade takes on a life of its own. In the cylindrical room, the glass contrasts with the concrete and ensures that both openings to the tunnel receive enough light, with the architectural esplanade growing increasingly lighter as it goes upwards.

Le groupe d'architectes catalan *Cloud 9* cherche sans cesse à repousser les frontières de l'architecture. Bon nombre de leurs projets s'appuient sur la lumière ou s'inspirent d'objets pneumatiques. Cette maison, également appelée la « Plate-forme », correspond avant tout pour eux à « la suite linéaire d'événements ». La linéarité est rendue par un genre de rampe habitable et composée d'un enchevêtrement de pièces qui, sur la coupe transversale, prend la forme d'un C : elle court vers le haut jusqu'à un toit en terrasse dans un mouvement spiraloïde. Très en saillie, la construction ne pouvait être réalisée qu'en béton armé. Une fois le béton liquide moulé, les architectes ont eu l'idée de donner une dynamique ondulée aux murs latéraux, en taillant un serpentin dans la masse. Dans la pièce de forme allongée, le verre contraste avec le béton et assure un éclairage suffisant à ses deux extrémités. La « promenade architecturale » s'éclaircit de plus en plus à mesure qu'elle monte.

Die katalanische Architektengruppe Cloud 9 ist auf der ständigen Suche nach Grenzüberschreitungen in der Architektur. Viele ihrer Projekte befassen sich mit Lichtprojektionen oder pneumatischen Objekten. Dieses Haus – oder die „Plattform" – verstehen die Architekten in erster Linie als „lineare Folge von Ereignissen". Diese Linearität wurde umgesetzt in eine Art bewohnbare, verschachtelte Rampe, die im Querschnitt einem C ähnelt: Sie führt spiralförmig nach oben und endet in einem Dachgarten. Möglich wurde die Konstruktion mit ihren enormen Auskragungen durch die Verwendung von Stahlbeton. Ein wellenförmiges Muster, das in die Schaltafeln des Betons eingefräst wurde, bildet eine lebendige Struktur auf der Fassade. In dem schlauchförmigen Raum steht Glas im Kontrast zum Beton und sorgt dafür, dass Anfang und Ende des Tunnels ausreichend Licht erhalten und die architektonische Promenade nach oben hin immer heller wird.

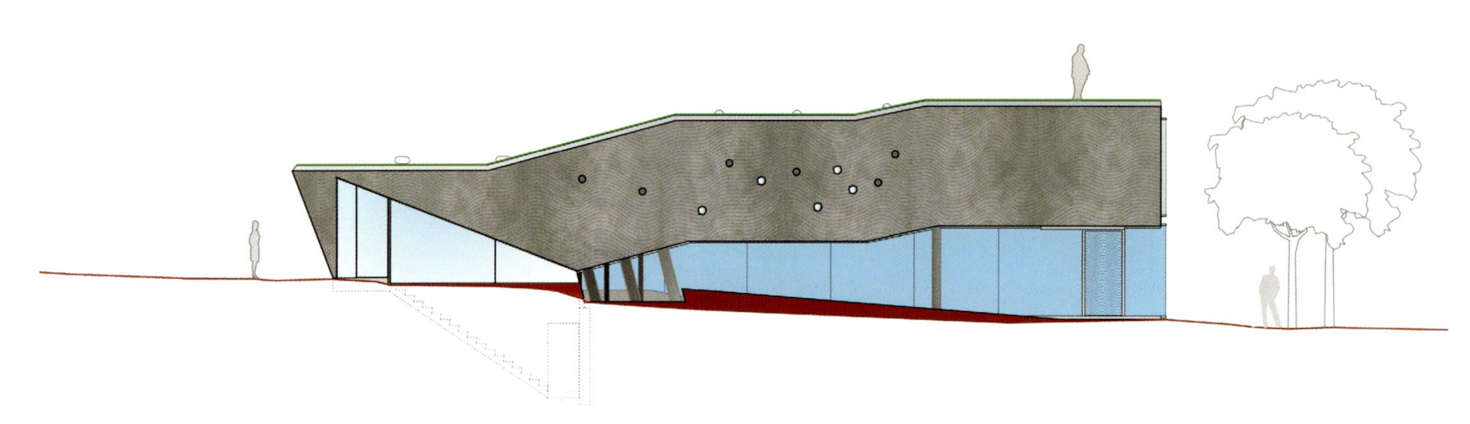

South elevation · Élévation sud · Südlicher Aufriss

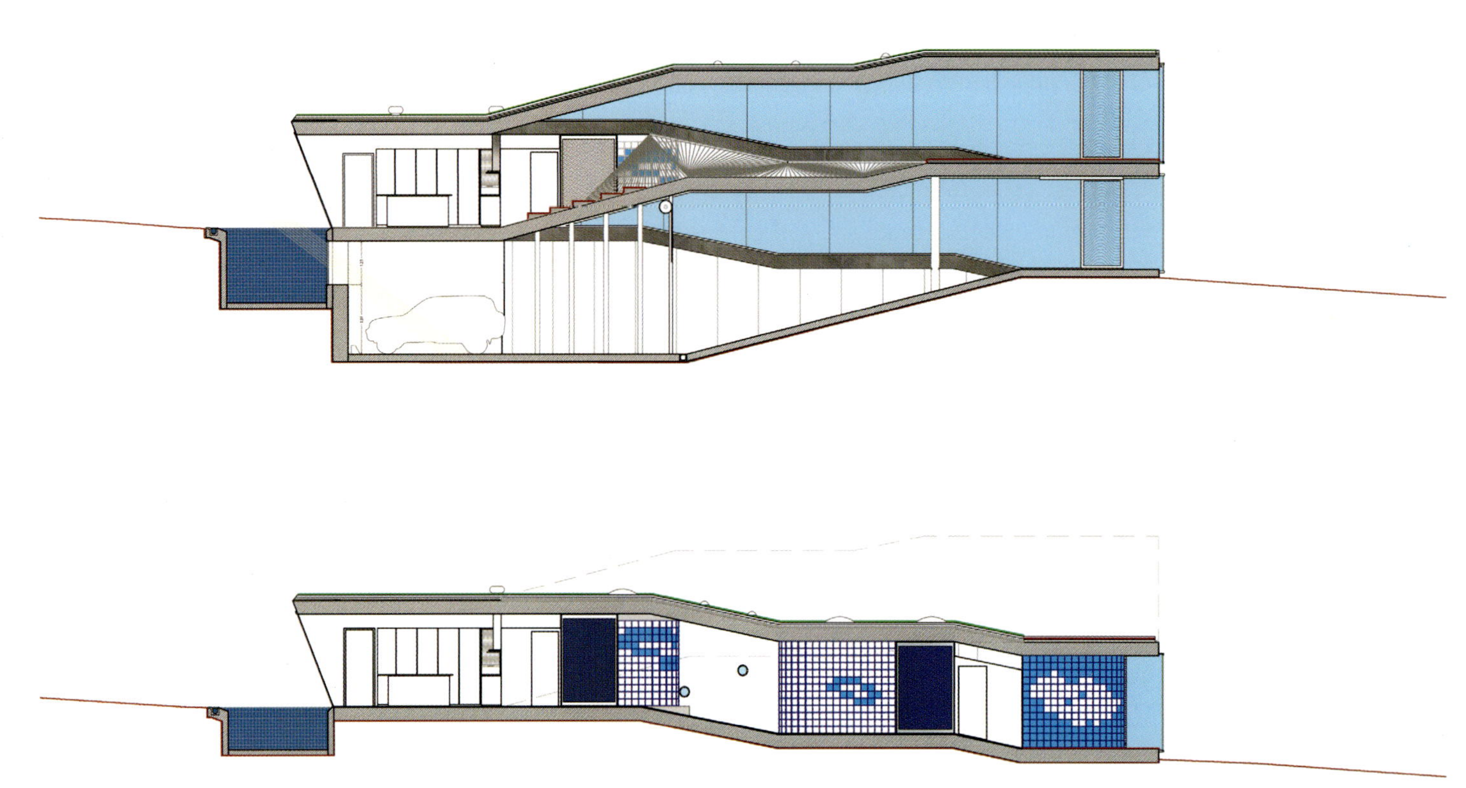

Sections · Sections · Schnitte

This building was conceived as an artistic landscape. The gently inclined roof is used for a lovingly tended garden.

Le bâtiment ressemble à un paysage artificiel. Le toit en pente douce a été transformé en jardin très bien entretenu.

Das Gebäude ist als künstliche Landschaft konzipiert. Das Dach wird als sanft ansteigender, sorgfältig gepflegter Garten genutzt.

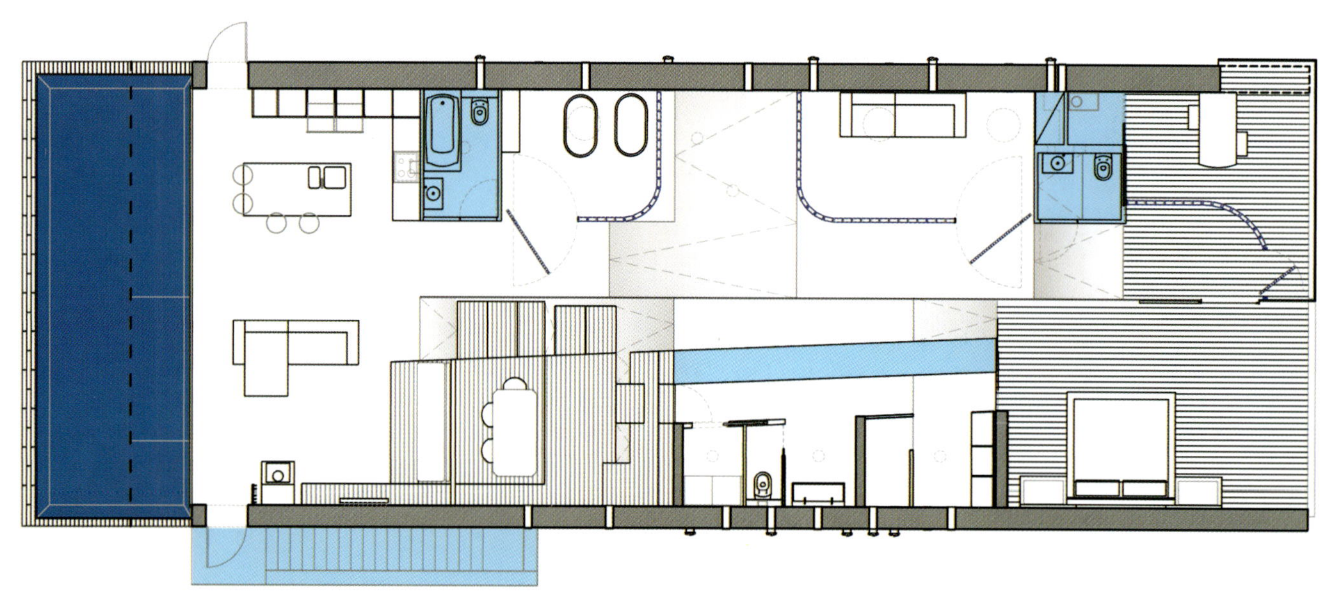

Plan · Plan · Grundriss

House H

Linz, Austria, 2003
Caramel Architekten
Photos © Hertha Hurnaus

Owing to the high property prices on its prominent hillside site, the architects of this detached house placed great emphasis on optimizing the use of the land. They came up with the idea of leaving as much of the property as possible undeveloped as a garden area, pushing the building to the edge of the site and implementing a stair-like design. The extensive overhang creates additional outdoor space which is shielded from the elements. The house is entered through the mezzanine floor, where the kitchen and a playroom are located. One storey lower, at the garden level, are the bedrooms, a study, a fitness room and a wine cellar. In the overhang, which projects at a 45° angle, are the large living room, and a half-storey over it there is a television room and additional study. The hallway running throughout the home offers a series of interesting views as the different areas of the house flow into one another. The extensive use of glass, especially on the overhang, allows for a magnificent view of the Alps.

En raison du prix élevé du foncier dans le célèbre coteau, les architectes de cette maison individuelle ont jugé important d'exploiter la superficie de terrain de manière optimale. Ils ont donc eu l'idée d'en laisser la plus grande partie possible à l'état de jardin, de glisser le bâtiment sur la bordure extérieure et de développer son volume vers le haut. La profonde partie en avancée obtenue avec ce concept allait donner un volume habitable supplémentaire. On entre dans le bâtiment par le niveau intermédiaire où se trouvent également la cuisine et une aire de jeux. L'étage en dessous, au niveau du jardin, comprend les chambres, un bureau et une salle de gym, ainsi que le cellier. La partie en saillie tournée à 45° abrite la grande salle de séjour. Enfin, à un demi-étage au-dessus ont été aménagés une salle de télévision et un autre bureau. Le couloir qui traverse le bâtiment s'imbrique de part et d'autre, offrant sans cesse aux différents niveaux un nouvel angle de vue intéressant. L'important vitrage du bâtiment, notamment dans la pièce à vivre en surplomp, offre un point de vue incomparable sur les Alpes.

Aufgrund des hohen Grundstückspreises in der prominenten Hanglage war es den Architekten des Einfamilienhauses besonders wichtig, das Grundstück optimal auszunutzen. Sie hatten daher die Idee, einen möglichst großen Teil des Grundstücks als Gartenfläche unbebaut zu lassen, das Gebäude an den äußersten Rand zu rücken und es treppenartig nach oben zu entwickeln. Die entstehende weite Auskragung ermöglichte eine zusätzliche witterungsgeschützte Freifläche. Man betritt das Gebäude über das Zwischengeschoss, auf dem sich auch die Küche und ein Spielbereich befinden. Ein Geschoss darunter, auf der Ebene des Gartens, sind die Schlafräume, ein Arbeits- und ein Fitnessraum sowie der Weinkeller. In der um 45° verdrehten Auskragung sind das große Wohnzimmer, ein halbes Geschoss darüber ein Fernsehraum und ein weiteres Arbeitszimmer untergebracht. Der Gang durch das Gebäude bietet durch das Ineinanderfließen der verschiedenen Bereiche immer wieder neue interessante Blickwinkel. Die weitgehende Verglasung des Gebäudes, insbesondere der Auskragung, ermöglicht einen unvergleichlichen Ausblick auf die Alpen.

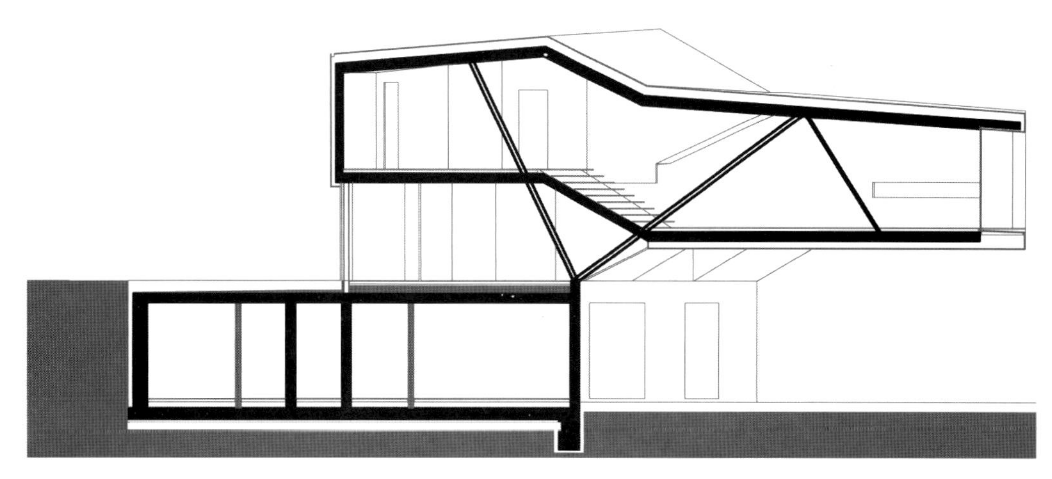

Section · Section · Schnitt

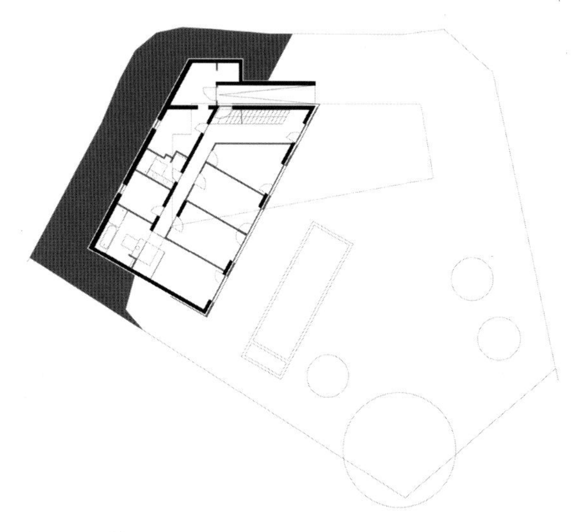

Basement · Sous-sol · Kellergeschoss

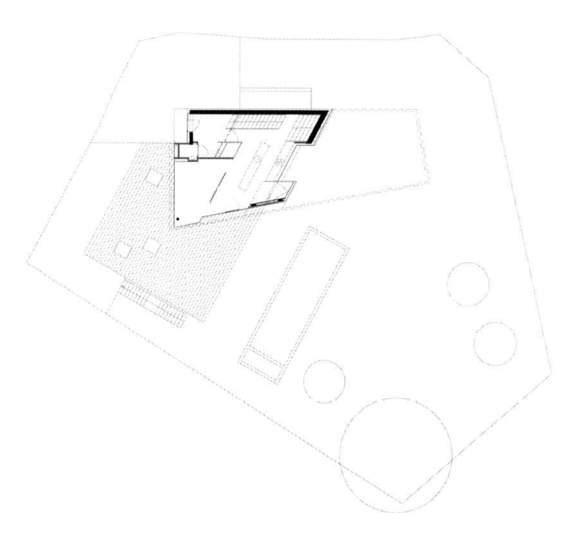

Ground floor · Rez-de-chaussée · Erdgeschoss

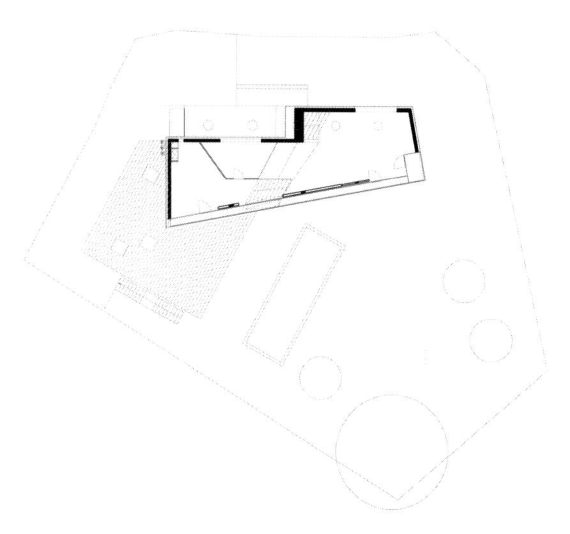

First floor · Premier étage · Erstes Obergeschoss

The different levels with their half-storey offset create an endless series of interesting views.
Les plans décalés d'un demi-niveau offrent un angle de vue toujours nouveau et intéressant.
Die jeweils um ein halbes Geschoss versetzten Ebenen ermöglichen immer wieder neue, interessante Blickwinkel.

Frexport

Zamora Michoacán, Mexico, 2007
Manuel Cervantes Cespedes, CC Arquitectos
Photos © Luis Gordoa

This administrative building for a food producer was envisioned as a series of pathways through the landscape. The design of the garden, with thick vegetation covering the rocky ground, is at the core of the concept. The plants that are used to make the company's products form an essential part of the landscape design. The building itself has been constructed as part of the garden. Two single-storey building wings with floor-to-ceiling glass panels serve to frame the garden, while the connecting part of the building stretches over the open space without supports. The corridor running throughout the building was intended as a figurative pathway carved through the garden.

Le bâtiment administratif d'une entreprise agroalimentaire a été conçu comme une série de chemins traversant le paysage. L'agencement du jardin avec ses plantations abondantes sur un terrain rocheux était donc au cœur du projet. Ce sont les plantes, à partir desquelles l'entreprise récolte la matière première de ses produits, qui constituent les éléments essentiels du paysage aménagé. Le bâtiment devait donc devenir luimême une partie du jardin. Deux ailes d'un étage bordent le jardin de leur grande surface vitrée qui s'étire du sol au plafond, tandis que leur raccordement au niveau de l'étage enjambe sans support la surface découverte. Pour passer d'un côté à l'autre, on traverse pour ainsi dire, le jardin.

Das Verwaltungsgebäude einer Nahrungsmittelfirma ist als Serie von Wegen durch die Landschaft konzipiert. Die Gestaltung des Gartens mit üppiger Bepflanzung auf felsigem Boden wurde daher zum Kernpunkt des Entwurfs. Wesentlicher Bestandteil der Landschaftsgestaltung sind gerade die Pflanzen, aus denen die Firma die Grundstoffe ihrer Produkte gewinnt. Das eigentliche Gebäude ist so angelegt, dass es selbst Teil des Gartens wird. Zwei eingeschossige Gebäudeflügel rahmen den Garten mit großen Glasflächen, die vom Boden bis zur Decke reichen, während der Verbindungstrakt die Freifläche stützenfrei überspannt. Der Weg durch die Flure der Gebäude wird so im übertragenen Sinne zu einem Gang durch den Garten.

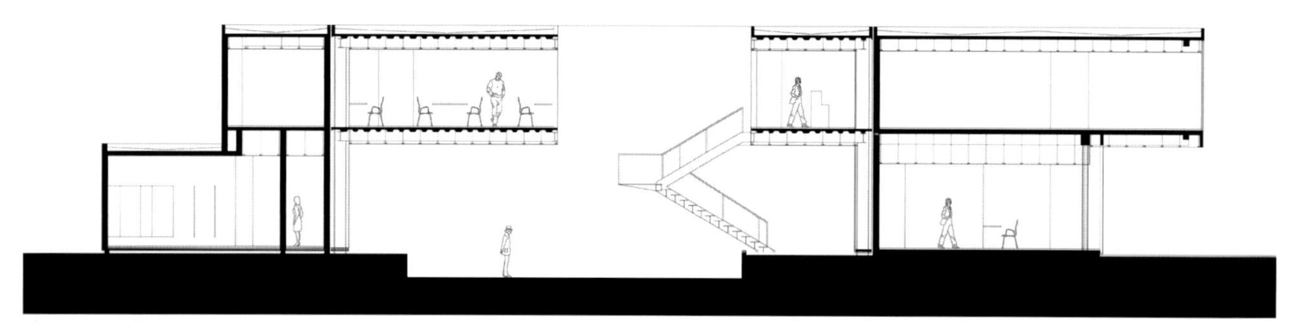

Section · Section · Schnitt

The distinct, reductive architecture, with its straight lines and the subtropical, picturesque rock garden, creates a stark contrast which intensifies the visual effect of the ensemble.

Le contraste formé par l'architecture claire et sobre, aux lignes droites, et les pittoresques rocailles de plantes subtropicales du jardin confère beaucoup de caractère à l'ensemble.

Die klare, reduzierte Architektur mit ihren geraden Linien und der subtropische, malerische Felsgarten formen einen starken Kontrast, der die Wirkung des Ensembles steigert.

House in Caracas

Caracas, Venezuela, 2007
Juan Ignacio Morasso Tucker
Photos © Javier Gutiérrez

This project involved converting a house built in 1981 as part of a residential area with identical buildings. After purchasing the house, the owner wanted to completely redesign it. The ground floor became a courtyard and garage, and an entirely new entrance was conceived, so that the house is now entered via a ramp and a broad staircase. Inside, several rooms were knocked together and a complex, indirect lighting system was created for the living-quarters. The building's support system made it possible to instal large glass surfaces on the corners. The interplay of opaque and transparent surfaces now affords the house a much lighter, more open feel. The glass has been framed with sturdy horizontal strips. Roof overhangs made of exposed concrete provide shade and protect the windows from the tropical rain.

Dans ce projet, il s'agissait de transformer une maison datant de l'année 1981 et intégrée dans un lotissement de bâtiments identiques. Le maître d'œuvre a soumis la maison à une totale refonte : le rez-de-chaussée a été transformé en cour et en garage, et l'accès à la maison entièrement modifié. On atteint désormais l'entrée par une rampe et un large escalier. À l'intérieur, de nombreux murs ont été abattus et les appartements équipés d'un coûteux éclairage indirect. Le système de soubassement choisi permettait de poser de grandes surfaces vitrées sur les parties en angle du bâtiment. Grâce à l'alternance de surfaces aveugles et transparentes, la maison paraît dans son ensemble beaucoup plus légère et ouverte. La structure du vitrage se compose de solides barres horizontales. Les auvents en béton apparent projettent de l'ombre sur les fenêtres et les protègent des pluies tropicales.

Bei diesem Projekt handelt es sich um den Umbau eines Hauses aus dem Jahr 1981, das ursprünglich als Teil einer Wohnsiedlung mit identischen Gebäuden errichtet worden war. Der Bauherr unterzog das Haus nach dem Erwerb einer gründlichen Umgestaltung. So wurde das Erdgeschoss in einen Hofbereich und eine Parkgarage verwandelt und der Zugang zum Haus vollständig verändert: Er erfolgt nun über eine Rampe und eine großzügige Treppe. Im Inneren wurden mehrere Räume zusammengelegt und die Wohnungen mit einer aufwendigen indirekten Beleuchtung versehen. Das Stützensystem des Gebäudes erlaubte es, die Ecken des Gebäudes großzügig zu verglasen und dem Haus durch das Wechselspiel aus geschlossenen und transparenten Flächen einen insgesamt viel leichteren und offener wirkenden Charakter zu verleihen. Die Verglasung wurde durch kräftige Horizontalriegel strukturiert. Auskragende Vordächer aus Sichtbeton sorgen für Schatten und schützen die Fenster vor dem tropischen Regen.

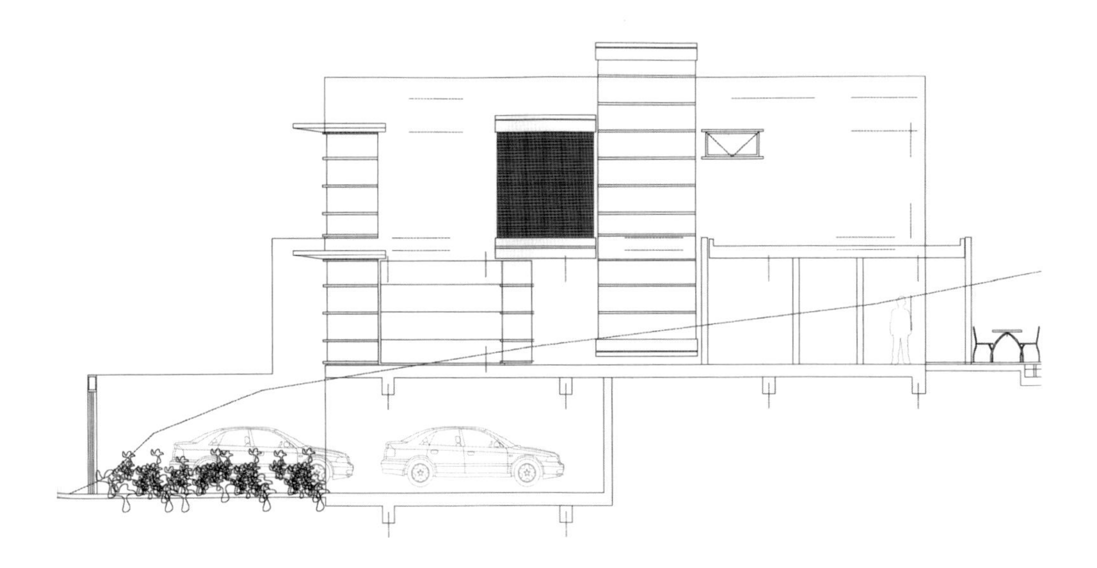

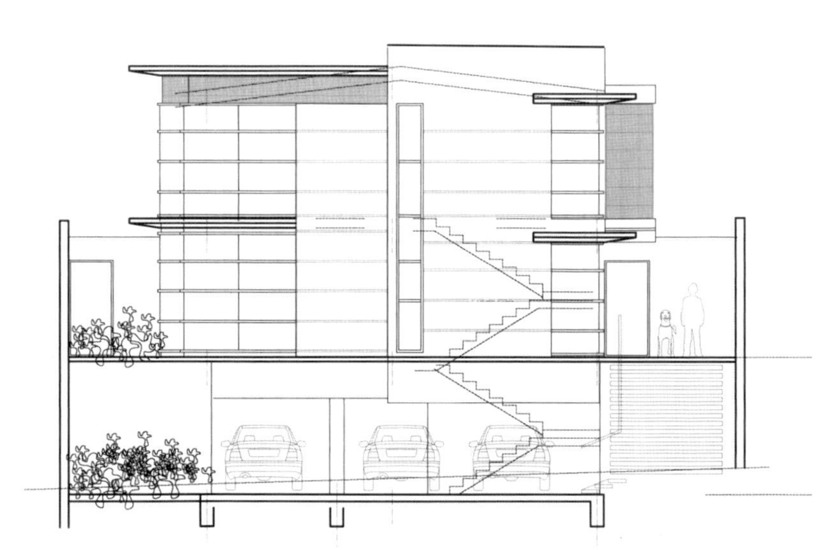

Sections · Sections · Schnitte

The natural topography is skilfully utilized to lend each level its own character. In the summer, the inner courtyard is used as an outdoor kitchen.

La topographie naturelle est habilement exploitée, afin de donner à chaque niveau d'autres particularités. En été, la cour intérieure sert de cuisine à ciel ouvert.

Die natürliche Topografie wird geschickt ausgenutzt, um jeder Ebene ihren eigenen Charakter zu verleihen. Der Innenhof dient im Sommer als Freiluftküche.

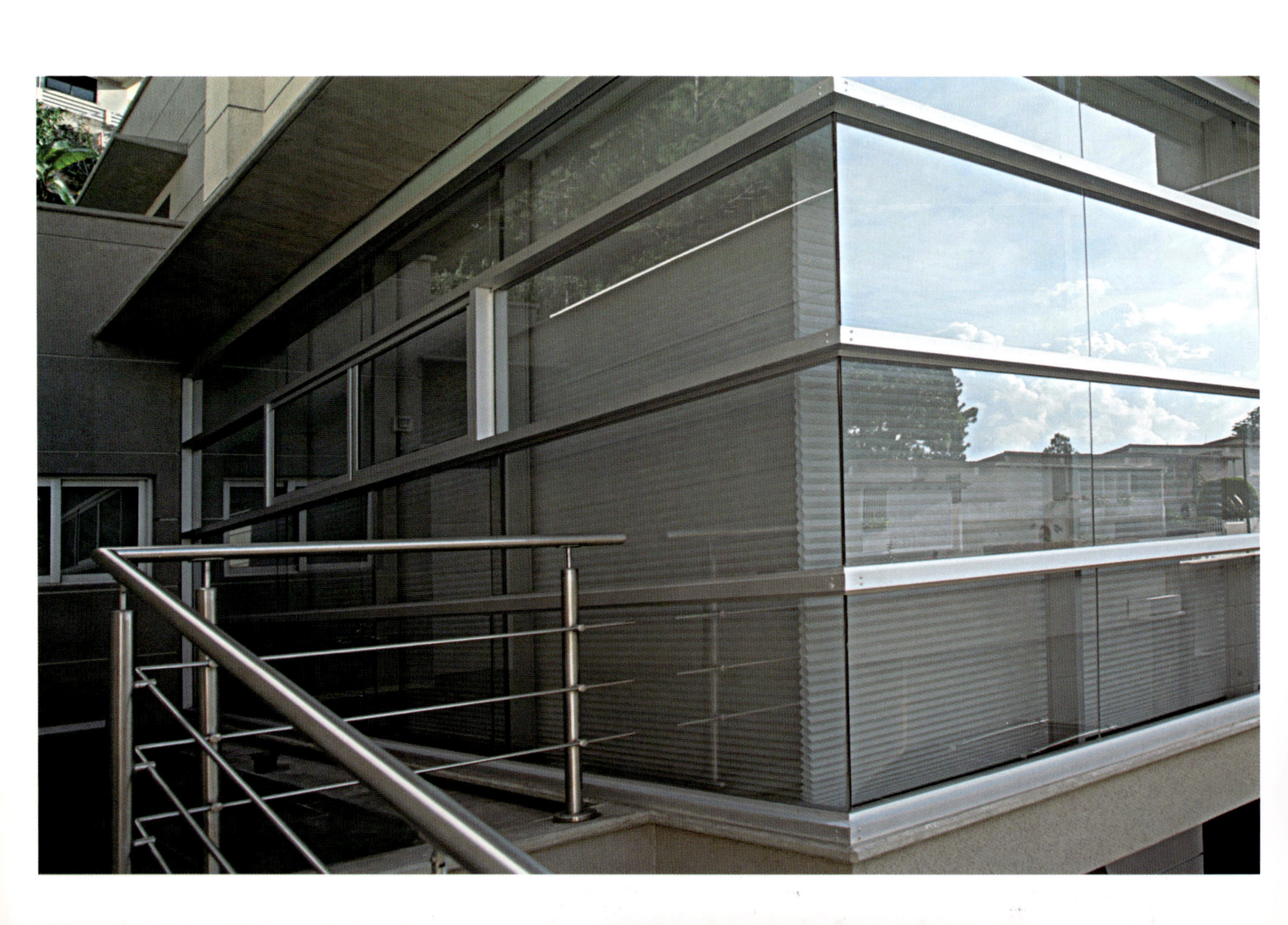

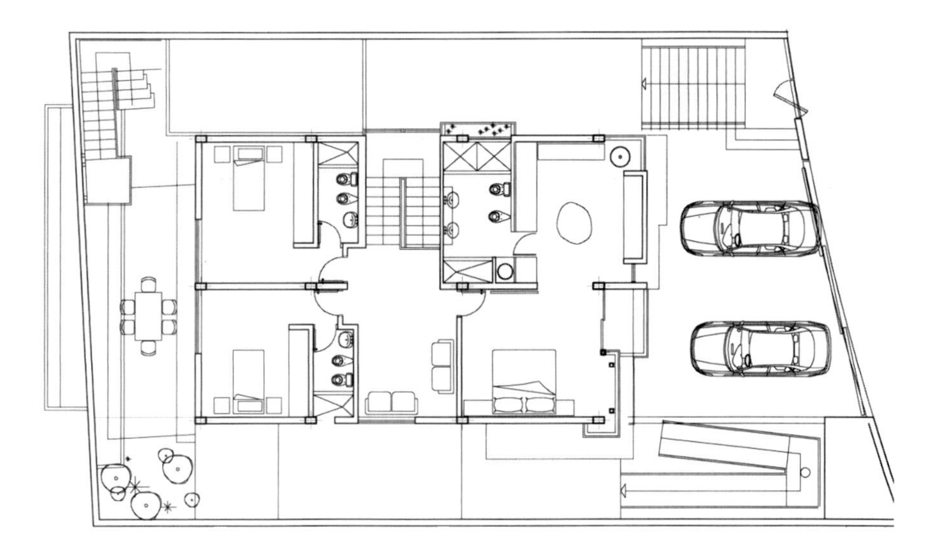

Ground floor · Rez-de-chaussée · Erdgeschoss

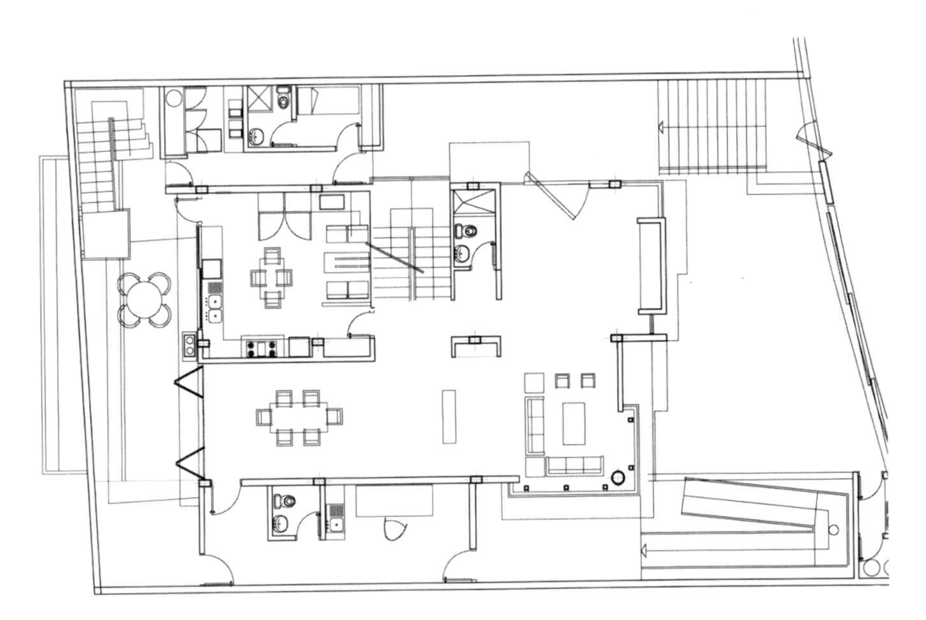

First floor · Premier étage · Erstes Obergeschoss

Beach house on a hillside

Lima, Peru, 2006
Javier Artadi
Photos © Alfio Garozzo, Esla Ramirez

The house is located on a cliff facing southwards over the sea, about 100 kilometres south of Lima. The architectural concept features a solid base over which a glass structure with projecting windows seems to float. The bedrooms are located in the two-storey base and the common living and kitchen areas are over them. The impression that the upper storey is floating is accentuated by the swimming pool, which has been incorporated into the base as well. The laws of gravity seem to have been defied or negated in this white, almost ephemeral house. One side of the living room offers an expansive view over the coast, while the other side looks out on the Andes. The diverse uses of glass – be it the frameless sliding glass of the living room, the glass parapets on the terrace or the glass walls of the swimming pool – make this house tremendously impressive in terms of architectural design.

La maison se dresse sur une colline orientée vers le Sud, face à la mer, à une centaine de kilomètres au sud de Lima. Le concept architectonique consiste en un socle massif à deux niveaux sur lequel vient s'ajouter un étage vitré en saillie. Tandis que les chambres se trouvent dans la partie inférieure, et la partie supérieure comprend le séjour et une salle à manger. L'impression que l'étage est suspendu dans les airs est renforcée par la piscine, aménagée sur le socle. Les lois de la pesanteur semblent totalement absentes de cette maison blanche, presque immatérielle. Depuis un point de la salle de séjour, on peut profiter de la vue sur la plaine côtière jusqu'à la mer et une autre perspective fait découvrir les Andes au loin. Grâce à la variété des surfaces vitrées – le vitrage sans cadre et totalement coulissant de la salle de séjour, le garde-corps en verre de la terrasse ou encore le côté extérieur vitrée de la piscine – , ce projet se coule harmonieusement dans le paysage.

Das Haus steht an einem nach Süden gerichteten Abhang am Meer, ungefähr 100 km südlich von Lima. Das architektonische Konzept sieht einen massiven Sockel vor, über dem ein schwebendes gläsernes Geschoss mit auskragenden Scheiben platziert ist. Im zweigeschossigen Sockel befinden sich unten die Schlafräume, darüber der gemeinschaftliche Wohn- und Essbereich. Der Eindruck, dass das oberste Geschoss schwebt, wird durch das Schwimmbecken verstärkt, das auf dem Sockel angeordnet ist. Die Gesetze der Schwerkraft scheinen bei diesem weißen, fast immateriell wirkenden Haus gänzlich außer Kraft gesetzt zu sein. Vom Wohnraum her bietet sich auf der einen Seite ein weiter Blick über die Küstenebene zum Meer und auf der anderen die Aussicht auf die aufragenden Anden. Durch den vielfältigen Einsatz von Glas – sei es als rahmenlose, vollkommen zur Seite verschiebbare Verglasung des Wohnraums, als gläserne Brüstung der Terrasse oder als gläserne Wand des Schwimmbeckens – gewinnt dieses Haus enorm an architektonischem Profil.

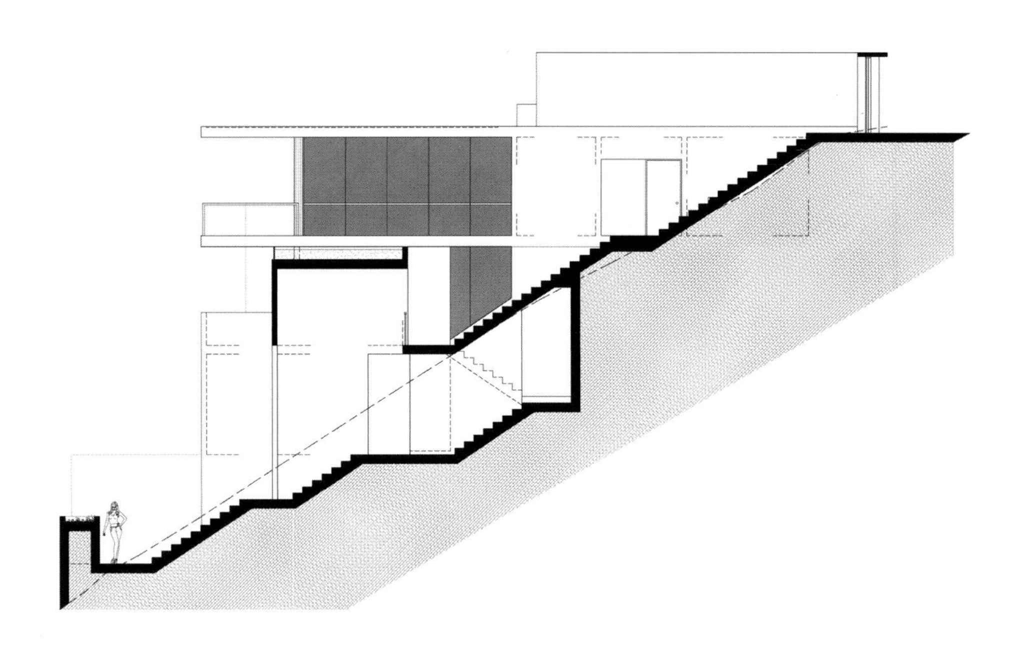

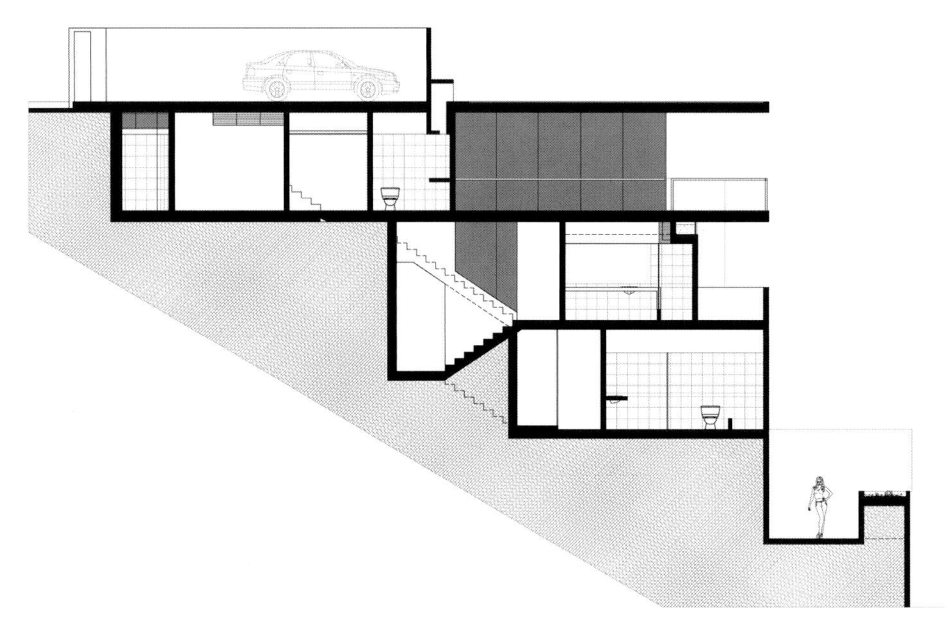

Sections · Sections · Schnitte

The upper storeys boast remarkable views of the majestic expanses of the Pacific Ocean.
Depuis le niveau supérieur, on jouit d'une vue grandiose sur l'immensité de l'océan Pacifique.
Von den oberen Ebenen bietet sich ein grandioser Blick auf die majestätische Weite des Pazifischen Ozeans.

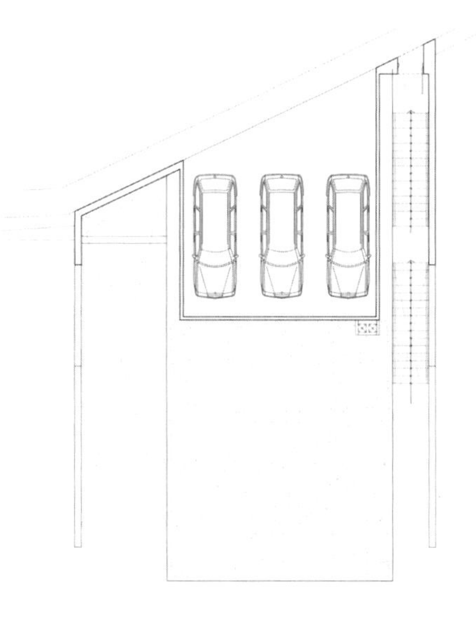

Garage/street level · Garage - rez-de-chaussée · Garage (Straßenebene)

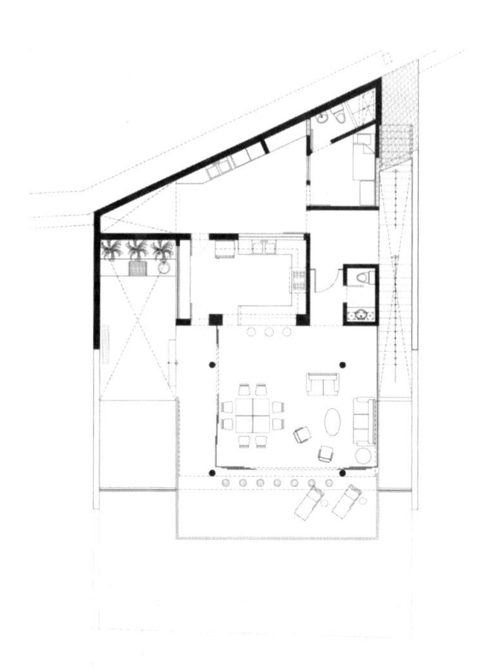

Level -1 · Niveau -1 · Ebene -1

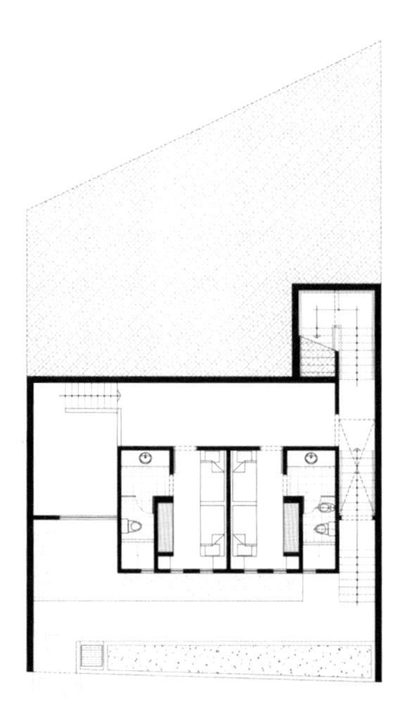

Level -2 · Niveau -2 · Ebene -2

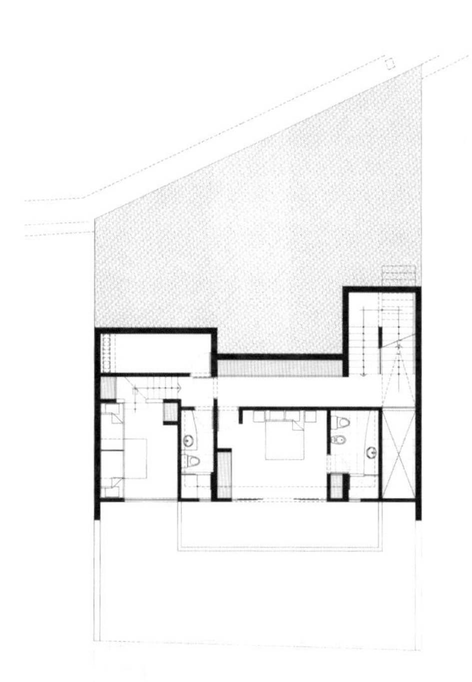

Level -3 · Niveau -3 · Ebene -3

House in "Las Arenas"

Las Arenas, Lima, Peru, 2006
Javier Artadi
Photos © Alexander Kornhuber

In designing this beach house, located 100 kilometres south of Lima, the architects began with the idea of a freight container or a box. The box-like main section of the house was raised on a pediment to make it seem as if the building were floating. Several screens were included viewing shafts, which limit the amount of sunlight that enters the rooms. The most important feature of the house is the terrace overlooking the sea. A long bench and chunky table are well-suited for relaxing in the shade. A small pool is perfect for cooling off in the heat of the day. A straight path leads directly to the beach. The design is minimalist and simple, seemingly inspired by Peru's desert-like coastline. The design bears certain features of the timeless work of such architects as Luis Barragán and Oscar Niemeyer, two of the most important figures in modern Latin American architecture.

Les architects chargés du concept d'une maison en bordure de mer, située à une centaine de kilomètres au sud de Lima, ont imaginé un conteneur ou une grande boîte. Le corps en forme de caisse a été rehaussé sur un socle afin qu'il apparaisse comme suspendu dans les airs. Plusieurs entailles réalisées dans cette partie centrale constituent autant d'axes de vision et de couloirs assurant une pénétration contrôlée du soleil dans les pièces. La terrasse orientée vers la mer joue un rôle majeur dans cet ensemble. Une longue banquette et une table massive invitent à s'asseoir à l'ombre. Un petit bassin rafraîchit les lieux aux heures chaudes du jour. Un chemin rectiligne mène directement à la plage. L'agencement d'une sobriété minimaliste semble inspiré par cette partie désertique du littoral péruvien. Le résultat du projet rappelle les travaux intemporels de Luis Barragán ou Oscar Niemeyer, grandes icones de l'architecture moderne en Amérique latine.

Bei dem Entwurf für ein ungefähr 100 km südlich von Lima gelegenes Strandhaus gingen die Architekten von der Idee eines Containers oder einer Box aus. Der kastenförmige Zentralkörper des Hauses wurde erhöht auf einen Sockel gebaut, um ihn gleichsam schwebend wirken zu lassen. Außerdem wurde er mit diversen Einschnitten versehen, Sichtachsen, die zugleich den kontrollierten Eintritt von Sonnenlicht in die Innenräume zulassen. Der wichtigste Ort des Hauses ist die zum Meer hin orientierte Terrasse. Eine lange Sitzbank und ein massiver Tisch laden zum Verweilen im Schatten ein. Ein kleiner Pool verschafft Kühlung in der Hitze des Tages, und ein schnurgerader Weg führt direkt zum Strand. Die Gestaltung ist von minimalistischer Kargheit und Schlichtheit, die von der Wüstenlandschaft der Küste Perus inspiriert scheint. Das Ergebnis des Entwurfs trägt Züge der zeitlosen Entwürfe von Luis Barragán oder Oscar Niemeyer, den großen Leitfiguren der modernen Architektur in Lateinamerika.

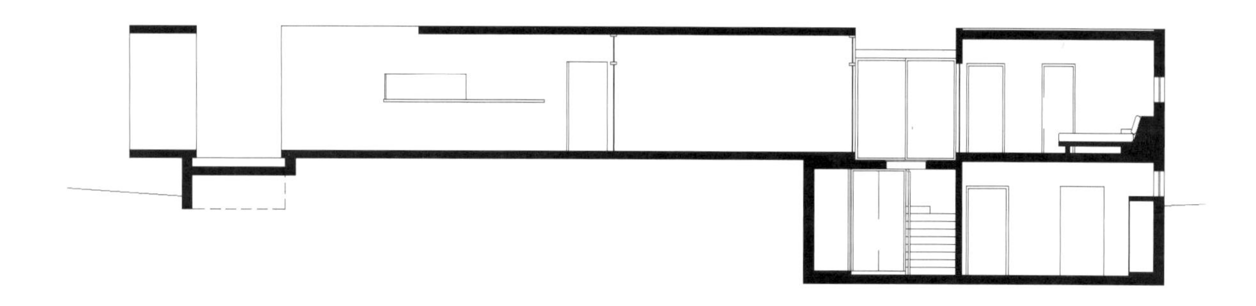

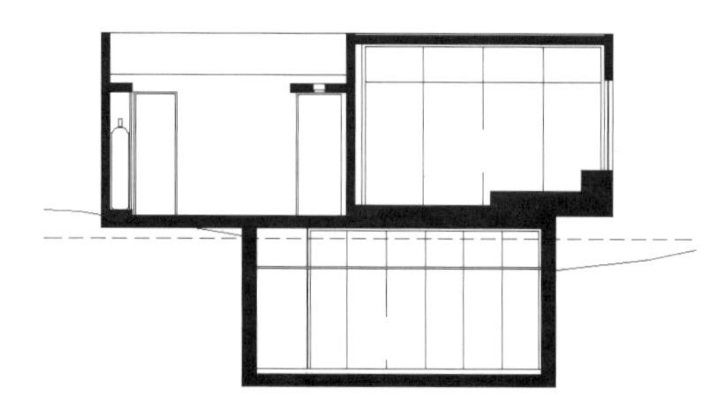

Sections · Sections · Schnitte

Using simple means to create a powerful impression: precise openings in the outer screening provide an unobstructed view of the horizon.

Une solution simple mais du plus plus grand effet : des coupes ciblées ont été réalisées dans l'enveloppe pour dégager la vue sur l'horizon.

Einfache Mittel haben große Wirkung: Präzise Schnitte in dem umhüllenden Volumen geben den Blick zum Horizont frei.

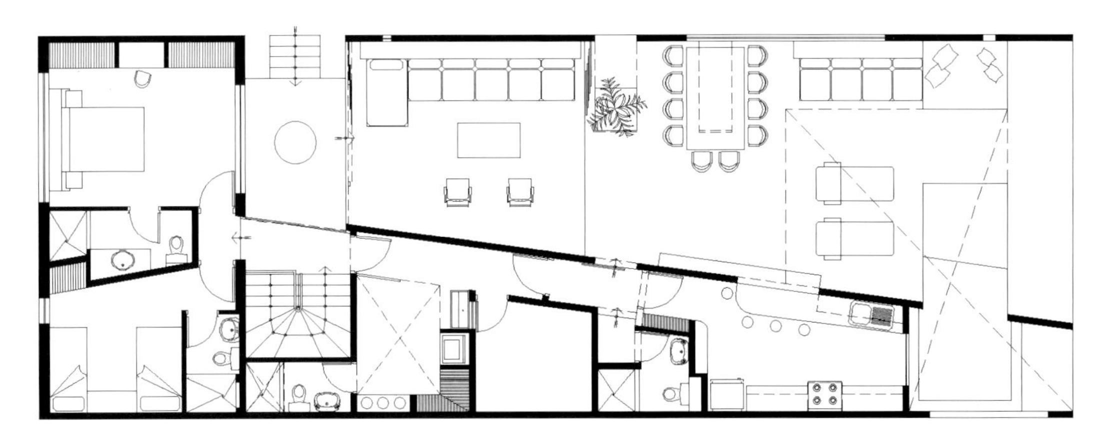

First floor · Premier étage · Erstes Obergeschoss

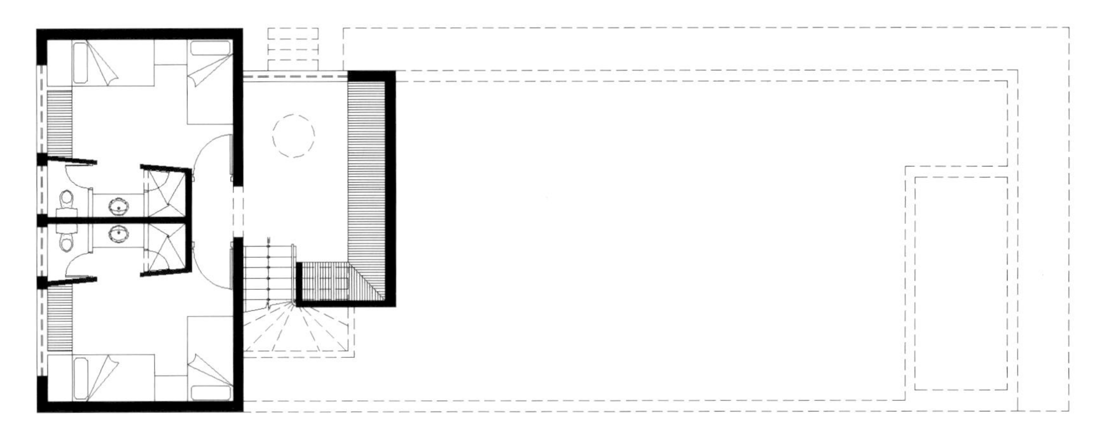

Ground floor · Rez-de-chaussée · Erdgeschoss

Steinwendtner House

Steyr, Austria, 2003
Hertl Architekten
Photos © Paul Ott

The Steinwendtner House was designed for a wooded plot with high ecological standards but a low budget. As a result, the only building material that came into question was wood. Since generous sunlight yet high levels of privacy were desired, the architects chose a simple, cube-like shape with alternating glass and completely opaque wall surfaces. The living quarters are located on the ground floor and the bedrooms on the second storey. The two-storey rooms and lack of conventional corridors create spaces that can be used for a variety of purposes and allow the building's volume to be felt throughout the house. Inside, the building seems much larger than it does from the outside. This impression has been created through the purposeful use of large glass surfaces, indirect sunlight and a colour concept that features starkly contrasting tones.

La maison Steinwendtner a été construite sur un terrain à bâtir dans le cadre d'un projet à petit budget et d'une grande exigence écologique. Pour le matériau de construction, seul le bois entrait donc en ligne de compte. Comme le désir de lumière naturelle abondante d'une part et de protection contre les regards indiscrets d'autre part avait été formulé, les architectes ont opté pour une forme cubique simple avec une alternance de grandes surfaces de verre et de murs totalement aveugles. Tandis que les pièces à vivre se trouvent au rez-de-chaussée, les chambres sont situées à l'étage. La création de pièces sur deux niveaux, c'est-à-dire l'abandon de pièces conventionnelles qui se succèdent au profit de surfaces polyvalentes, permet d'apprécier de partout le volume de ce bâtiment. La maison paraît bien plus spacieuse de l'intérieur que de l'extérieur grâce à la pose ciblée de grandes surfaces vitrées, à une lumière indirecte qui envahit l'espace et à un concept de couleurs associant des tons très contrastés.

Das Haus Steinwendtner wurde auf einem baumbestandenen Grundstück als Low-Budget-Projekt mit hohem ökologischem Anspruch entworfen. Als Baumaterial kam daher lediglich Holz in Betracht. Da einerseits reichlich Tageslicht, andererseits Schutz vor Einblick gewünscht war, entschieden sich die Architekten für eine einfache, kubische Form mit einem Wechsel von sehr großen gläsernen und völlig geschlossenen Wandflächen. Während sich der Wohnbereich im Erdgeschoss befindet, sind die Schlafräume im Obergeschoss untergebracht. Durch die Verwendung doppelgeschossiger Räume und den Verzicht auf konventionelle, gangartige Erschließungsflächen zugunsten mehrfach nutzbarer Flächen ist das Volumen des Gebäudes überall im Haus spürbar. Das Haus wirkt innen viel größer, als man es von außen vermutet. Dieser Eindruck entsteht durch den gezielten Einsatz von großen Glasflächen, indirekt einfallendes Licht und ein Farbkonzept mit stark kontrastierenden Farbtönen.

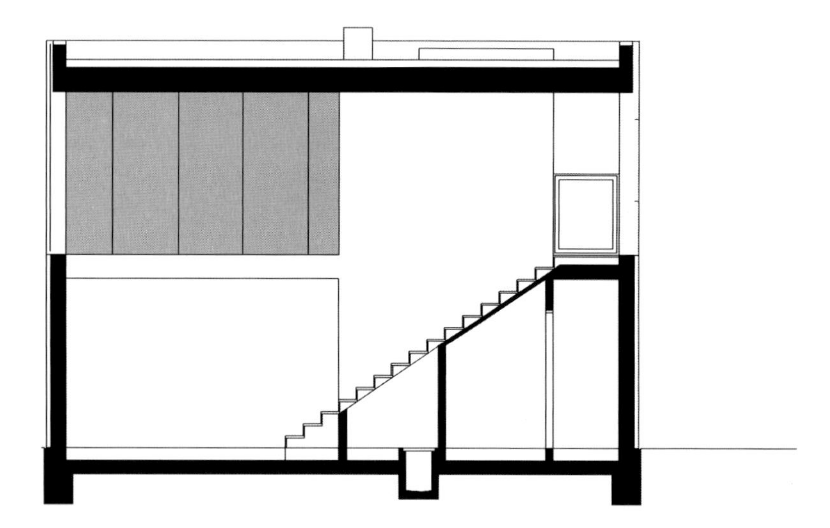

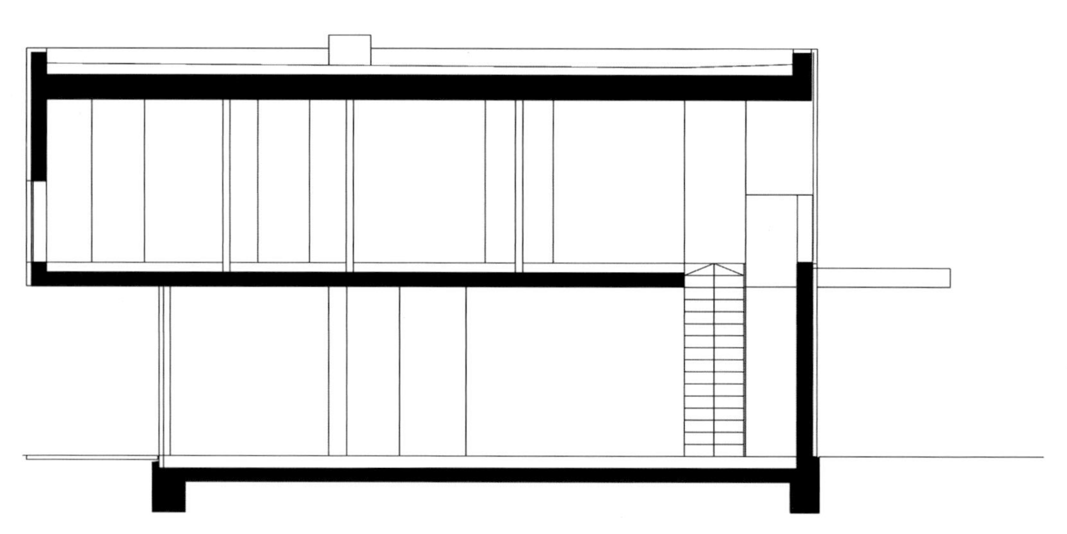

Sections · Sections · Schnitte

The cubic form with alternating large glass surfaces and fully opaque walls adds brightness while protecting privacy.

Grâce à l'alternance de très grandes surfaces vitrées et de parois aveugles, ce bâtiment cubique garantit à la fois clarté et opacité.

Die kubische Form mit einem Wechsel sehr großer Glasflächen und völlig geschlossener Wandflächen garantiert Helligkeit und Sichtschutz zugleich.

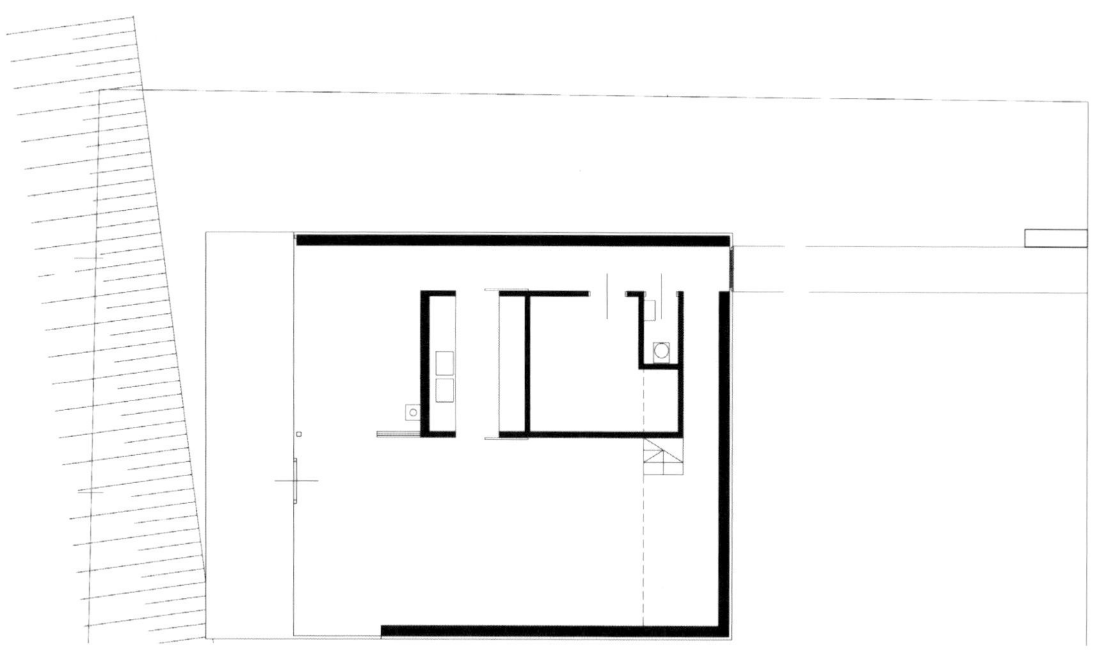

Ground floor · Rez-de-chaussée · Erdgeschoss

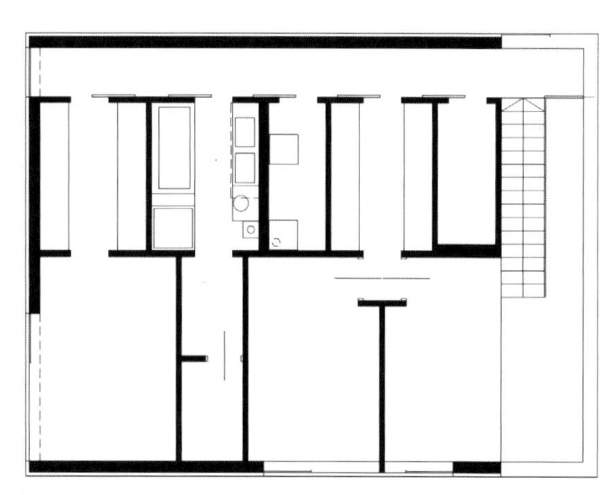

First floor · Premier étage · Erstes Obergeschoss

Travella House

Castel San Pietro, Ticino, Switzerland, 2005
Aldo Celoria Architect
Photos © Milo Keller

This house, which the architect designed for his sister while he was still a student, features what is actually a relatively conventional division into three storeys, with the garage and secondary rooms located in the basement, which has been dug into the hillside. The lower storey contains the living and dining quarters with a front terrace, while the bedrooms and bathrooms are on the upper story. The house's unique effect is primarily created by the radical contrast between the completely transparent lower storey and the upper level, which is almost hermetically shingled with decorative copper plates. The residence's two essential functions – providing both a structure representative of its inhabitants and an inner retreat – are masterfully fulfilled from an architectural point of view. Yet so much contrast requires some cohesive elements as well – the interior division of both storeys is effected by a continuous partition wall. The reductionism and exquisite details of this house make it an extremely interesting and well-implemented residential structure.

La maison, que l'architecte, alors étudiant, a conçue pour sa sœur, présente en fait une répartition plutôt conventionnelle sur trois niveaux : sur le socle inséré dans la pente se trouvent le garage et des pièces annexes. Le rez-de-chaussée comprend le séjour et la salle à manger précédés d'une terrasse. Le premier étage est occupé par les chambres et les salles de bains. Cette maison doit son effet particulier au contraste extrême entre le rez-de-chaussée totalement transparent et l'étage supérieur hermétique, habillé de plaques de cuivre. Le concept architectural tient merveilleusement compte des deux fonctions principales d'une maison, à savoir la représentativité vers l'extérieur et la possibilité de repli à l'intérieur. Il s'agissait par ailleurs de relier les nombreux éléments contrastants : l'agencement des deux étages s'articule autour d'une paroi de séparation allant du sol au plafond. Tant une réduction à l'essentiel que des détails parfaitement conçus font de cette maison un habitat intéressant et réussi.

Das Haus, das der Architekt noch als Student für seine Schwester entwarf, weist eigentlich eine ziemlich konventionelle Aufteilung in drei Geschosse auf: In dem in den Hang eingegrabenen Sockel befinden sich Garage und Nebenräume. Das Erdgeschoss enthält den Wohn- und Essbereich mit vorgelagerter Terrasse, und im Obergeschoss sind Schlafräume und Bäder untergebracht. Dieses Haus schöpft seine besondere Wirkung in erster Linie aus der extremen Kontrastierung des vollkommen transparenten Erdgeschosses und des hermetischen, mit Kupferschindeln verkleideten Obergeschosses. Die beiden grundlegenden Funktionen eines Wohnhauses, Repräsentativität nach außen und Rückzugsmöglichkeit ins Innere, werden auf diese Weise architektonisch hervorragend umgesetzt. Soviel Gegensatz erfordert verbindende Elemente: Die innere Aufteilung beider Geschosse erfolgt durch eine durchgängige Trennwand. Die Reduktion auf das Wesentliche und die perfekte Detaillierung dieses Hauses machen es zu einem interessanten und gelungenen Wohnobjekt.

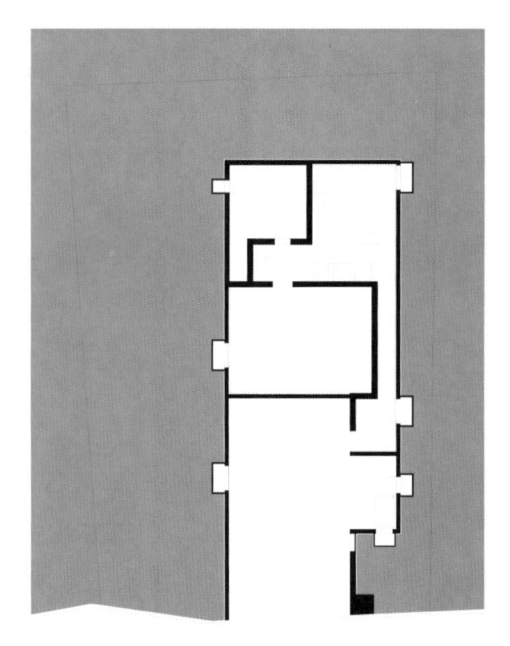

Basement · Sous-sol · Kellergeschoss

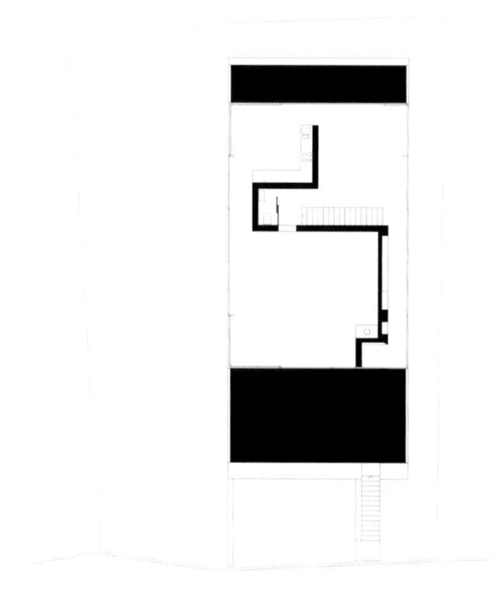

Ground floor · Rez-de-chaussée · Erdgeschoss

First floor · Premier étage · Erstes Obergeschoss

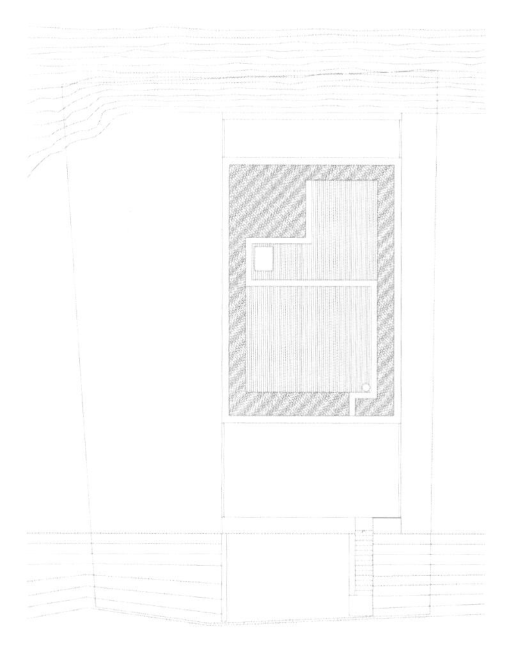

Roof plan · Plan du toit · Dachgeschoss

FIXIT

Villa Näckros

Kalmar, Sweden, 2003
Staffan Strindberg / Strindberg Arkitekter
Photos © James Silverman

This floating detached house is located in the city of Kalmar on the southwest coast of Sweden. The intention was to create not so much a houseboat as a truly floating house. For structural reasons, the structure was not built in the shape of a boat but rather simply as a cube with a concrete support system. In order to make the relatively small rooms seem as spacious as possible and to make the house's unique location felt throughout the interior, the three-storey building was planned with the largest window surfaces possible. On the façade, they were to be contrasted with large, opaque surfaces of dark red corrugated metal. Inside the house, oak and stainless steel were employed, which in combination with the white walls create an atmosphere of lightness and spaciousness. A large roof garden adds the final touch to this unique, award-winning building which has even become a prototype for similar projects.

Cette maison individuelle flottante se trouve dans la ville de Kalmar, sur la côte sud-ouest de la Suède. Lors de sa conception, cette solution a réuni davantage de suffrages que celle d'une maison-bateau. Pour des raisons de statique, il était impossible de donner à cette maison la forme d'un bateau ; elle consiste en un cube construit sur une structure porteuse en béton. Pour augmenter l'effet de volume dans les pièces relativement petites et pour exploiter partout à l'intérieur la situation particulière de l'habitation, on a doté ses trois étages de fenêtres les plus grandes possible. Sur la façade, de grandes surfaces aveugles en tôle ondulée rouge foncé contrastent avec les baies vitrées. L'intérieur se compose de bois de chêne et d'acier inoxydable. Leur association avec les murs blancs donne une impression de légèreté et d'ouverture. Un grand toit en terrasse couronne ce bâtiment original et plusieurs fois récompensé qui a ultérieurement servi de prototype à d'autres projets.

Dieses schwimmende Einfamilienhaus befindet sich in der Stadt Kalmar an der Südostküste Schwedens. Bei dem Entwurf stand weniger die Idee eines Hausboots als die eines echten schwimmenden Hauses im Vordergrund. Aus statischen Gründen wurde das Haus daher auch nicht in Form eines Boots, sondern als einfacher viereckiger Kubus mit einer Tragstruktur aus Beton entworfen. Um die relativ kleinen Räume so großzügig wie möglich wirken zu lassen und die besondere Lage des Hauses überall im Inneren erfahrbar zu machen, wurde das dreigeschossige Haus mit möglichst großen Fensterflächen geplant. In der Fassade wurden diese mit großen geschlossenen Flächen aus dunkelrotem Wellblech kontrastiert. Im Inneren des Hauses kamen Eichenholz und Edelstahl zur Anwendung, die in Verbindung mit den weißen Wänden eine leichte und offene Atmosphäre erzeugen. Ein großer Dachgarten bekrönt dieses besondere und vielfach ausgezeichnete Gebäude, das inzwischen zum Prototypen ähnlicher Projekte geworden ist.

Section · Section · Schnitt

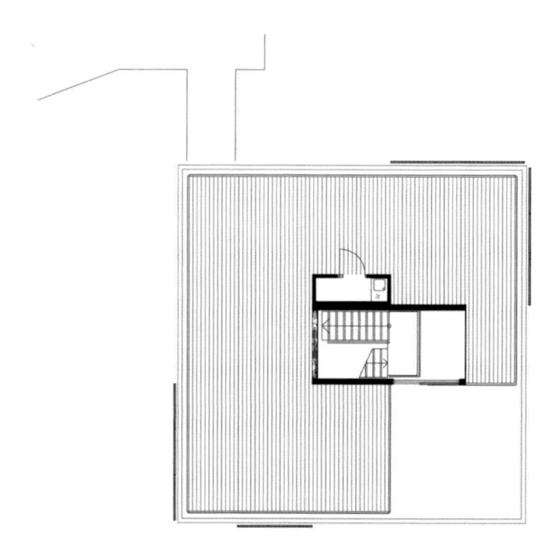

Roof plan · Plan du toit · Dachgeschoss

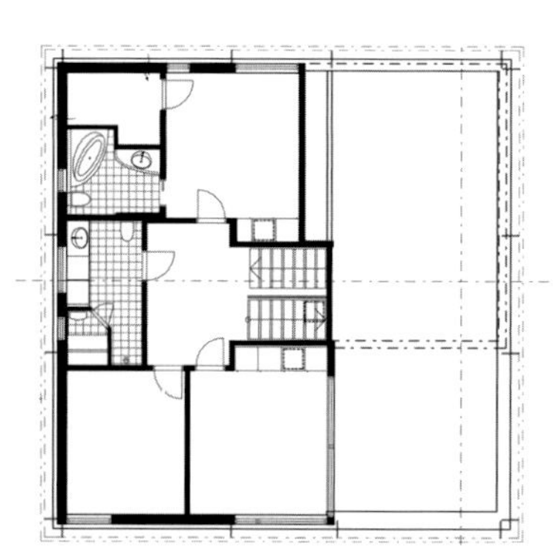

Upper level · Niveau supérieur · Obere Ebene

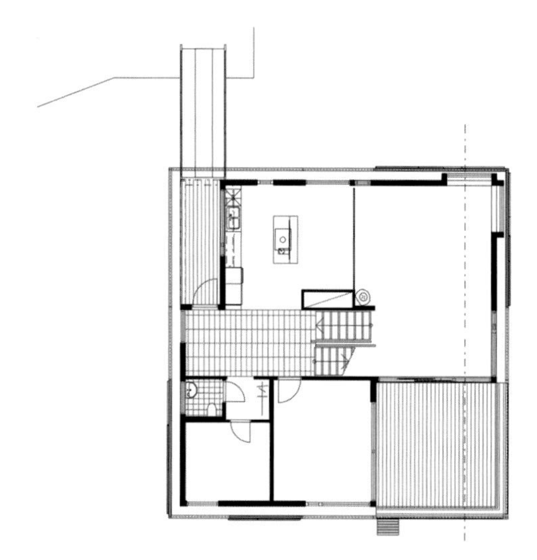

Lower level · Niveau inférieur · Untere Ebene

Diverse uses of glass on the façade, parapets and banisters make the house seem open and light.

Les multiples utilisations du verre sur la façade, les garde-corps et les rampes sont à l'origine de l'impression d'ouverture et de clarté que dégage cette maison.

Die vielfältige Verwendung von Glas in der Fassade und an Brüstungen und Geländern lassen das Haus offen und hell wirken.

Interiors
Intérieurs
Innenansichten

Kastnergasse

Vienna, Austria, 2006
Peter Liaunig
Photos © Paul Ott

In developing the concept for the extension of a residential, Wilhelminian-style building, the architects were inspired by the image of a bird with open wings descending onto the two-storey structure. Instead of an even rhythm between the walls and windows in the lower stories, a wide-open glass front faces out onto the courtyard, flooding the living quarters with sunlight. The concept involved an innovative support structure that required the building's existing structural system to be rotated 90°. The architects designed a protruding light support with sloping side pieces to represent the bird's body, while spherically curved roof shells make the wings. The coving not only proved structurally beneficial, but it also allowed for variable ceiling heights ranging from 2.3 to 5.5 metres. Glass plays a central role in the house's interior as well. Full glass doors, overhead glass lights, glass parapets and a glass landing lead the eyes through and out of the building in unexpected ways and challenge standard conceptions of interior space.

Dans le cadre du projet de surélévation d'une maison datant des années de la *Gründerzeit*, les architectes se sont inspirés de la forme d'un oiseau qui, les ailes déployées, se serait posé sur le bâtiment à deux niveaux. L'alternance classique des murs et des fenêtres aux étages inférieurs devait être remplacée par de larges surfaces vitrées s'ouvrant sur la cour, afin que la lumière pénètre généreusement dans la salle de séjour. Le concept prévoyait la construction d'une structure porteuse innovante, tournée à 90° par rapport au système statique en place. Le corps de l'oiseau, vu par les architectes, est figuré par un volume en saillie vitré qui assure un bon éclairage de l'intérieur dont la façade des parties latérales ne sont pas verticales mais inclinées le revêtement incurvé et sphérique du toit représente les ailes. La courbure, dont la nature statique n'est pas le seul avantage, permet également de faire passer la hauteur sous plafond de 2,30 m à 5,50 m. Le verre joue un autre rôle majeur à l'intérieur de la maison. Les portes totalement vitrées, les vasistas, les garde-corps en verre et un palier vitré lui aussi offrent sans cesse de nouvelles perspectives à travers le bâtiment ou vers l'extérieur et bouleversent l'exploitation habituelle de l'espace.

Bei dem Konzept für die Aufstockung eines bestehenden Wohnhauses aus der Gründerzeit ließen sich die Architekten von der Gestalt eines Vogels inspirieren, der sich mit weit geöffneten Schwingen auf dem zweigeschossigen Gebäude niedergelassen hat. Anstelle des gleichmäßigen Rhythmus von Wand und Fenster in den unteren Geschossen sollten zum Hof hin weit geöffnete Glasfronten treten, die lichtdurchflutete Wohnräume ermöglichen. Die Idee erforderte eine innovative Tragstruktur, die im Vergleich zum existierenden statischen System des Hauses eine Drehung um 90° verlangte. Als Rumpf des Vogels sahen die Architekten einen auskragenden Lichtträger mit schräg gestellten Seitenteilen vor, die Flügel wurden durch sphärisch gekrümmte Dachschalen gebildet. Die Krümmung erwies sich nicht nur statisch als günstig, sondern ermöglichte auch wechselnde Raumhöhen von 2,30 m bis 5,50 m. Auch im Inneren des Hauses spielt Glas eine zentrale Rolle. Ganzglastüren, Oberlichter, gläserne Brüstungen und ein gläsernes Treppenpodest gewähren immer wieder neue Aus- und Durchblicke und stellen die gewohnten Raumerfahrungen in Frage.

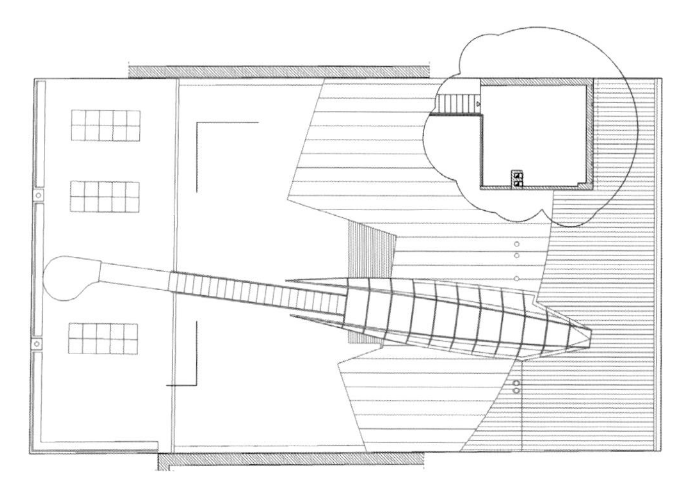

Second floor · Deuxième étage · Zweites Obergeschoss

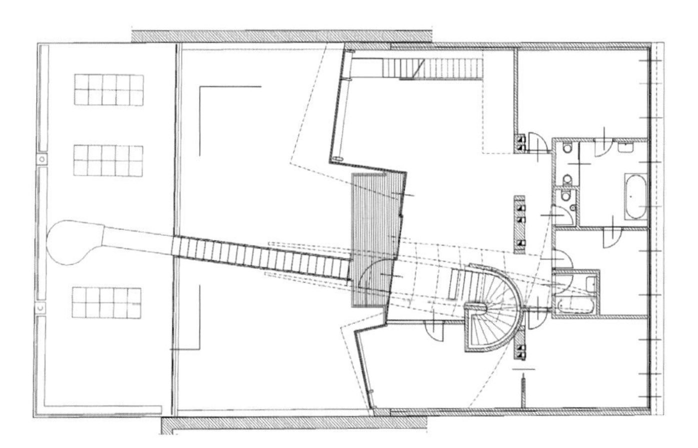

First floor · Premier étage · Erstes Obergeschoss

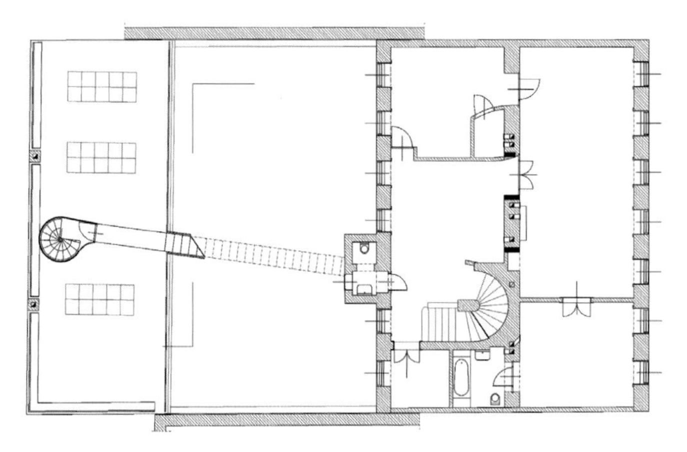

Ground floor · Rez-de-chaussée · Erdgeschoss

PAUL GAUGUIN
Klimt
MATISSE
PAUL KLEE
PIRANESI
AFRIKA
OZEANIEN

Vitreous skylights and parapets allow the boundaries between the levels to be blurred and intensify the spatial quality of the attic extension.

Les vasistas et les rampes vitrés estompent les frontières entre les niveaux et agrandissent l'espace sous le toit.

Gläserne Oberlichter und Brüstungen lassen die Grenzen zwischen den Ebenen verschwimmen und verstärken die räumliche Qualität des Dachausbaus.

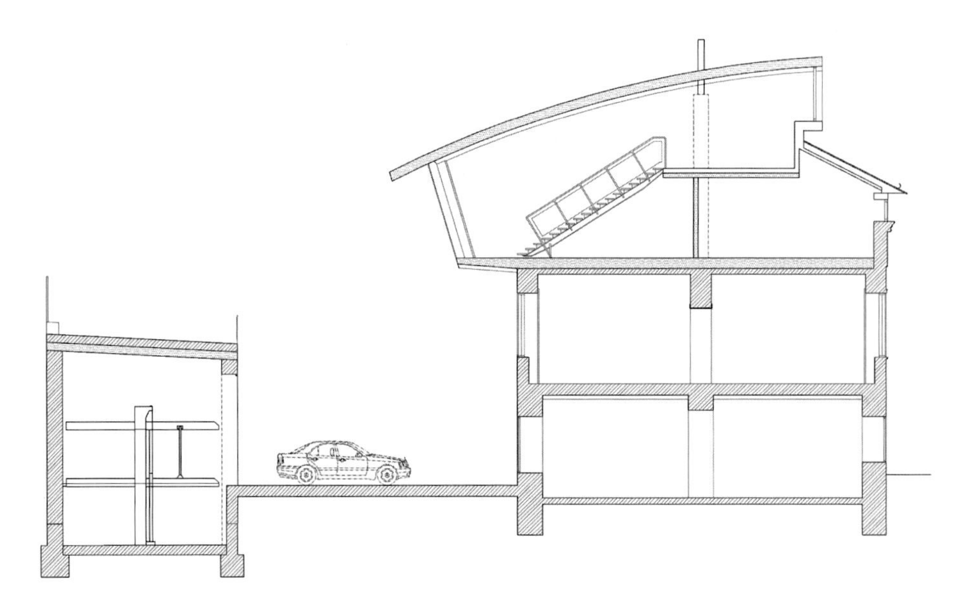

Section · Section · Schnitt

Elevation · Élévation · Aufriss

DOK House

Klosterneuburg, Austria, 2004
Querkraft Architekten
Photos © Hertha Hurnaus

The challenge of this DOK semi-detached building was an unusual one: a married couple wanted to build two symmetrical houses for their grown-up daughters. The question as to who would get which house was to be decided after construction was finished. The site was a steep, wooded north-facing hillside, which in the winter gets no sunshine for weeks at a time. Both houses were thus built as far over the incline as possible to maximize light in the darker months. For the same reason, the front façades of both houses were made of glass. The overhanging terrace with a pool is entered through a sliding door. The upper, loft-like residential level is connected to the lower storey by a hollow space. The stairway between the floors and a kitchenette were added to the building for additional volume. Each house was built with prefabricated wood elements and supporting concrete structure. Flat, jointless materials and exposed concrete define the overall impression of the interior.

Une commande peu courante est à la base de la maison jumelée DOK. Le couple de clients voulait deux maisons symétriques pour leurs deux filles adultes. La question de savoir qui obtiendrait quelle maison serait résolue une fois la construction achevée. Orienté au nord, le terrain en pente abrupte à bâtir était privé de soleil pendant de nombreuses semaines en hiver. C'est pourquoi les deux maisons ont été construites le plus possible en avancée, afin qu'un maximum de lumière pénètre à l'intérieur aux périodes les plus sombres de l'année. Les façades entièrement vitrées répondent au même objectif. On accède à la terrasse et à la piscine donnant sur l'arrière par une porte coulissante. Un espace fait communiquer le plan du séjour, situé à l'étage comme dans un loft, et le niveau inférieur. L'escalier entre l'étage et un espace cuisine vient s'appuyer contre le bâtiment, créant un volume supplémentaire. Chaque maison en préfabriqué de bois est stabilisée par une structure en béton armé. À l'intérieur, des matériaux lisses et du béton apparent donnent une impression d'espace.

Dem Doppelhaus DOK liegt ein ungewöhnlicher Auftrag zugrunde: Die Auftraggeber, ein Ehepaar, wünschten für ihre beiden erwachsenen Töchter zwei spiegelgleiche Häuser, die allerdings erst nach Abschluss der Bauarbeiten zugeteilt werden sollten. Als Bauplatz war ein steiler, baumbestandener Nordhang vorgesehen, der im Winter mehrere Wochen lang keine Sonne erhält. Die beiden Häuser wurden deshalb so weit wie möglich aus dem Abhang herausgebaut, um auch in der dunklen Jahreszeit ein Maximum an Lichteinfall zu erzielen. Die Stirnseiten der beiden Häuser sind daher komplett verglast. Durch eine Schiebetüre gelangt man zur hangseitigen Terrasse mit Pool. Die oben gelegene, loftartige Wohnebene ist durch einen Hohlraum mit der unteren verbunden. Die Treppe zwischen den Geschossen und eine Küchenzeile sind an die Gebäude als zusätzliche Volumina angefügt. Jedes Haus ist im Holzfertigteilbau mit einer aussteifenden Betonkonstruktion gebaut. Im Inneren bestimmen glatte, fugenlose Materialien und Sichtbeton den Raumeindruck.

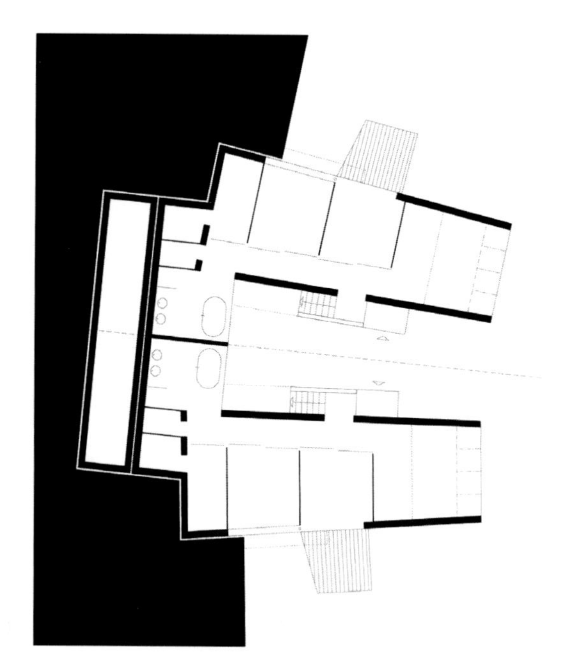

Ground floor · Rez-de-chaussée · Erdgeschoss

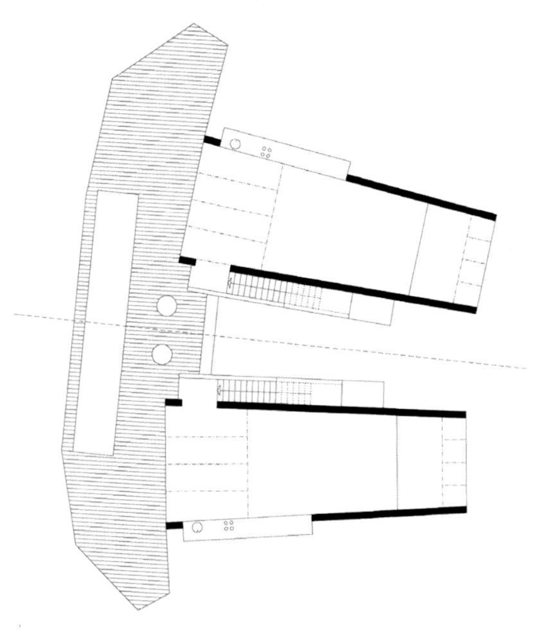

First floor · Premier étage · Erstes Obergeschoss

The house's sidewalls are for the most part opaque and covered with wood. From the kitchenette, there is an expansive view of the surrounding forest.

Les parois latérales des maisons sont en grande partie aveugles et habillées de bois. On a vue sur la forêt environnante depuis le coin cuisine.

Die Seitenwände der Häuser sind weitgehend geschlossen und mit Holz verkleidet. Von der Küchenzeile bietet sich ein Blick in den umgebenden Wald.

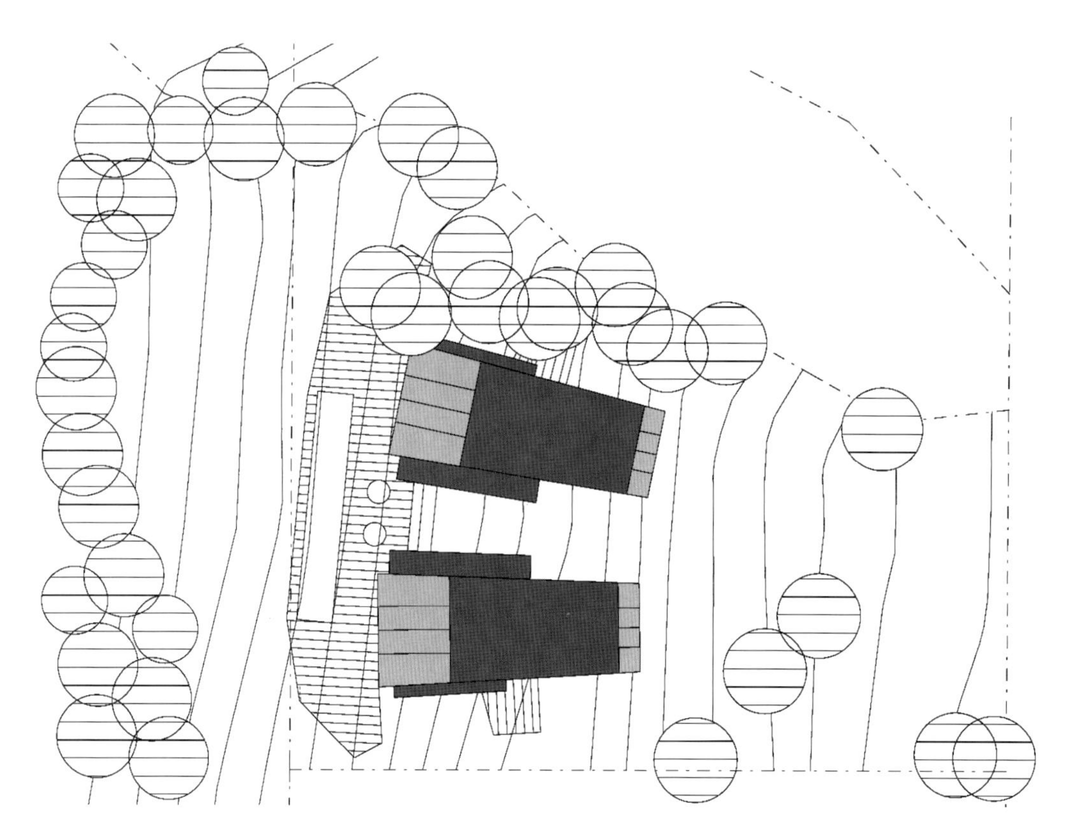

Site plan · Plan de situation · Umgebungsplan

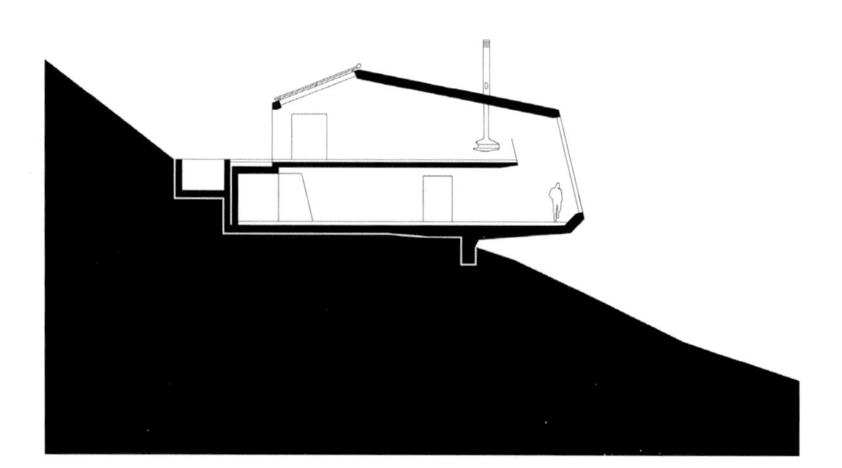

Section · Section · Schnitt

Seifert House

Volkersdorf bei Enns, Austria, 2006
Michael Shamiyeh/Baukultur
Photos © Paul Ott

When a gallery-owner commissioned the architects to rebuild her 150-year-old house, which had been destroyed by fire, one thing was important to her: the new building should be integrated into the surrounding landscape in such a way that she could immediately experience all four seasons. Having closely studied Mies van der Rohe's Farnsworth House, the owner and architects developed the design of the house, which lies on a plot that cannot be seen from outside. The basic shape of the bungalow design resembles a glass cube indented in the middle. The frameless glass skin that envelopes the house has been accentuated by three raw concrete elements, by the almost provocatively unadorned overhanging entrance area, and by two interior sandblasted concrete platform structures which contain the private quarters. Niches and openings in these concrete structures have been filled with calendered glass.

Lorsque la cliente, propriétaire d'une galerie, a chargé les architectes de construire un bâtiment neuf sur l'emplacement de sa maison vieille de 150 ans qui avait brûlé, elle avait émis les priorités suivantes : sa future demeure devait s'intégrer dans la nature environnante et permettre de vivre en temps réel les changements de saison. S'inspirant de la Farnsworth House de Mies van der Rohe, les architectes et la maîtresse d'ouvrage ont conçu ensemble cette maison située sur un terrain invisible de l'extérieur de la propriété. Le bâtiment ressemble à un bloc de verre resserré en son centre. Trois grands éléments en béton mettent en valeur le vitrage dépourvu de cadre qui enveloppe la maison : une entrée sobre et deux corps de béton sablés à l'intérieur abritant les pièces à vivre. Les niches et les ouvertures réalisées dans ce corps de béton sont fermées par du verre satiné.

Als die Bauherrin, die Inhaberin einer Galerie, die Architekten mit einem Neubau für ihr zuvor abgebranntes, 150 Jahre altes Wohnhaus beauftragte, war ihr vor allem eines wichtig: Das neue Gebäude sollte sich so mit der umgebenden Natur verbinden, dass ein unmittelbares Erleben der verschiedenen Jahreszeiten möglich würde. In Auseinandersetzung mit dem Farnsworth House von Mies van der Rohe entwickelten die Architekten zusammen mit der Bauherrin den Entwurf des Hauses, das auf einem von außen nicht einsehbaren Grundstück gelegen ist. In seiner Grundform gleicht der eingeschossige Bau einem Glaskubus, der in seiner Mitte eingedrückt ist. Die rahmenlose Glashaut, die das Haus umhüllt, wird von drei rauen Betonbauteilen akzentuiert: Dem geradezu provokant schmucklosen, überdeckten Eingangsbereich und zwei innen gelegenen sandgestrahlten Betonkörpern, die die privaten Räume aufnehmen. Die Nischen und Öffnungen in diesen Betonkörpern sind mit satiniertem Glas verschlossen.

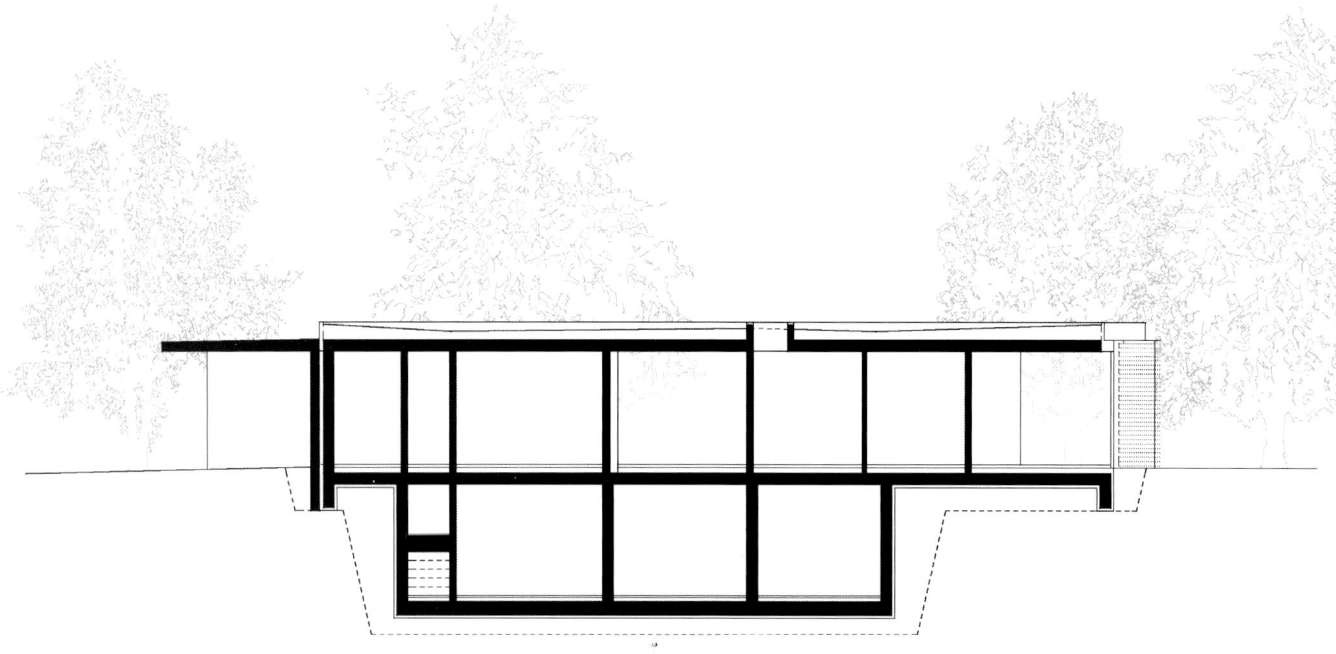

Section · Section · Schnitt

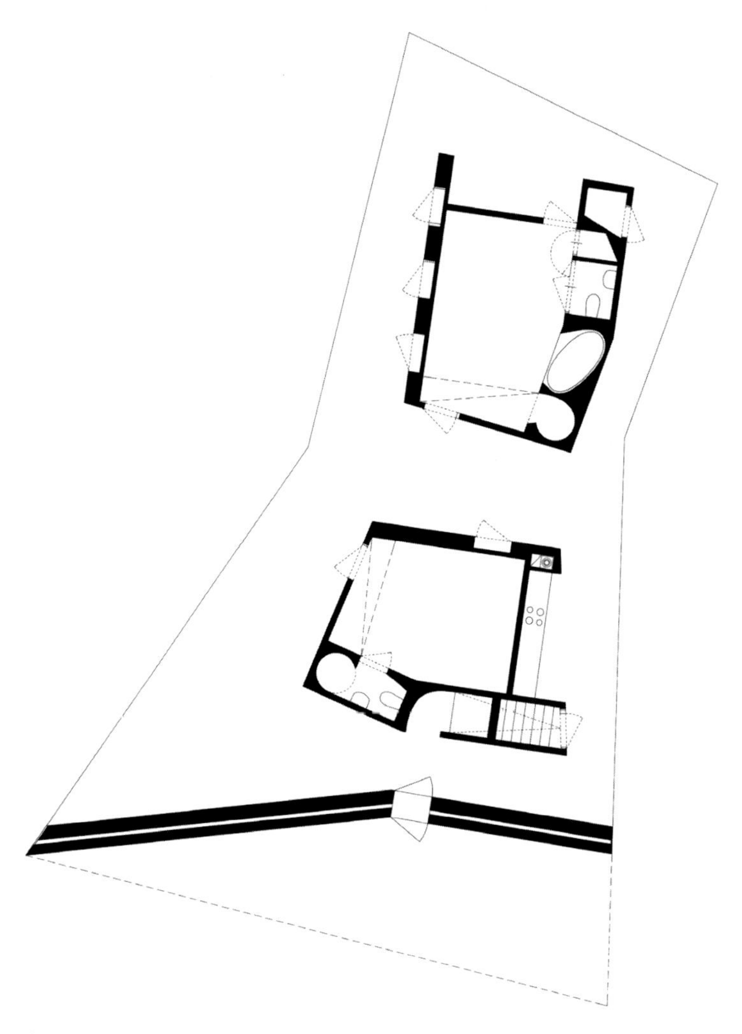

Ground floor · Rez-de-chaussée · Erdgeschoss

Laminata House

Leerdam, The Netherlands, 2001
Kruunenberg Van der Erve Architects
Photos © Luuk Kramer

While glass usually tends to blur the boundaries between indoors and outdoors, here the effect is the very opposite. Innovative concepts for a house to be built entirely of glass were submitted for an architectural competition. The design that was ultimately selected was a glass building that did not include any supporting steel or concrete structure. Two sides of the house consist of 13,000 glass panes placed at right angles to the exterior wall and glued together. These panes act as a solid wall supporting the roof. The private quarters, which wrap around a patio and an integrated kitchen-diner, are located in these side areas. What is special about the solid glass walls is the fact that they have different levels of transparency – the light varies according to the thickness of the glass and the perspective. The massive glass walls provide protection from the sun, good heat insulation and a fascinating atmosphere.

Tandis que le verre efface en général la frontière entre l'intérieur et l'extérieur, l'approche est totalement inversée dans cette maison. Dans le cadre d'un concours d'architecture, les candidats devaient présenter des projets innovants pour une maison qui serait entièrement construite en verre. Les architectes du concept retenu proposaient donc une construction tout en verre, sans structure en acier ou en béton. Ainsi, conformément à l'idée maîtresse, deux parois parallèles, dressées jusqu'au côté opposé, se composent de 13 000 vitres collées qui supportent le toit comme le ferait un mur massif. Cet espace latéral abrite les pièces privées, avec en leur milieu un patio et une cuisine intégrée spacieuse. Les grands murs vitrés obtenus doivent leur particularité à une transparence variable : la lumière pénètre différemment à l'intérieur de la maison selon l'épaisseur du verre et l'angle optique. Le vitrage fait barrage au soleil, assure une bonne isolation thermique et crée une ambiance exceptionnelle, assez fascinante.

Während Glas im Normalfall die Grenzen von Innen und Außen aufhebt, ist es bei diesem Haus genau umgekehrt. In einem Architektur-Wettbewerb wurden innovative Konzepte für ein Wohnhaus gefordert, das vollständig aus Glas gebaut sein sollte. Der schließlich prämierte Entwurf sah vor, das Haus komplett aus Glas zu errichten, ohne auf eine unterstützende Konstruktion aus Stahl oder Beton zurückzugreifen. Zwei Seiten des Hauses bestehen aus 13.000 quer zur Richtung der Außenwand gestellten Glasscheiben, die miteinander elastisch verleimt sind und auf diese Weise wie eine massive Wand das Dach tragen. In diesen seitlichen Bereichen befinden sich die privaten Räume, die in ihrer Mitte einen Patio und eine integrierte Wohnküche umschließen. Das Besondere der massiven Glaswände ist ihre unterschiedliche Transparenz: Je nach Glasdicke und Blickrichtung verändert sich der Lichteinfall. Die massiven Glaswände schützen vor Sonneneinstrahlung, sorgen für eine gute Wärmedämmung und erzeugen eine faszinierende, außergewöhnliche Atmosphäre.

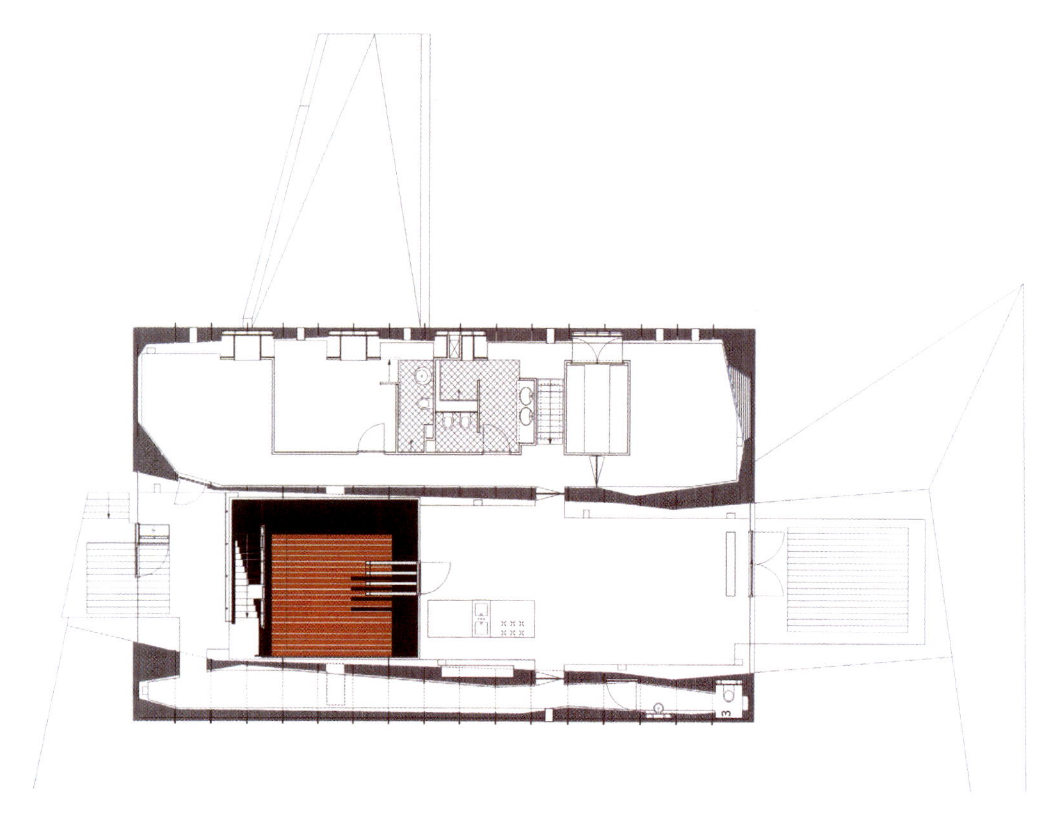

Ground floor · Rez-de-chaussée · Erdgeschoss

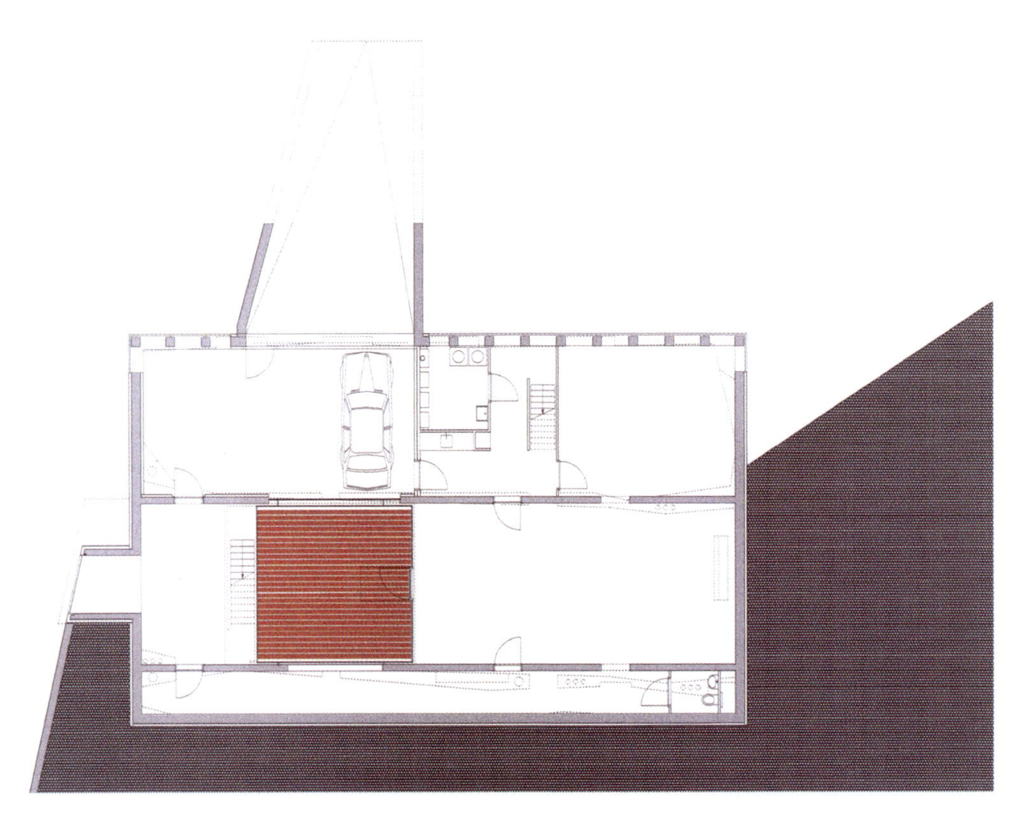

Basement · Sous-sol · Kellergeschoss

The solid glass walls allow the light to shimmer through. The roof also features laminated glass panes.
Les murs vitrés massifs ne laissent pénétrer que la lumière. Le toit repose également sur un vitrage laminé.
Die massiven Glaswände lassen das Licht lediglich durchschimmern. Das Dach ruht ebenfalls auf laminierten Glasscheiben.

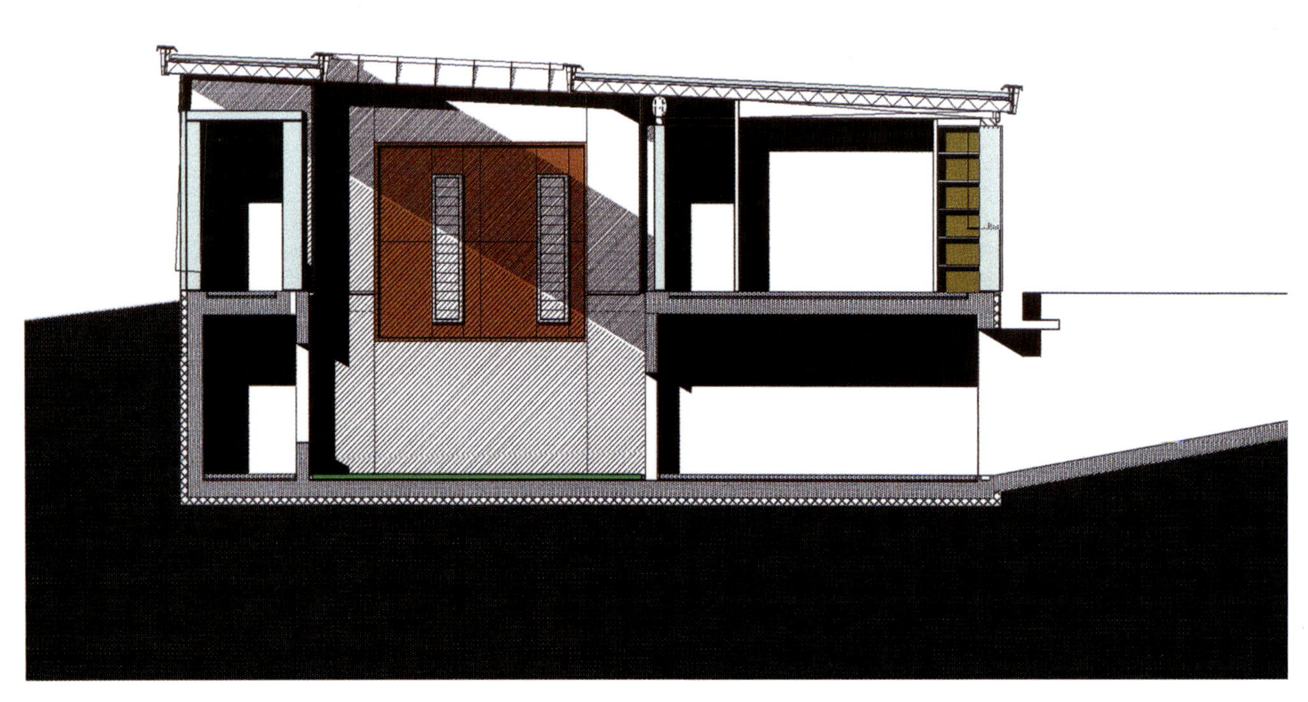

Cross section · Section transversale · Querschnitt

Lakeside House

Kent, New York, 2000
Resolution: 4 Architecture
Photos © Floto + Warner Studio

This weekend residence is located on a hill that slopes down sharply to the sea. In designing the house, the architects played with the transition from solidity to transparency: the entrance area of the two-storey house has been clad with cedar wood and lead-coated copper sheets and is marked by a solid stone wall that insulates the house from the elements.
The interior corridors and stairway serve as transitional areas: large surfaces of translucent insulation allow softly filtered light to penetrate inside, creating the atmosphere of a traditional Japanese house. Small windows allow for views of the landscape. Seen from outside in daylight, the house seems quite solid. Around nightfall, however, light begins to gently emanate from it.
The living quarters and bedrooms provide unimpeded views of the sea and the surrounding landscape through panoramic windows.

Cette maison située sur une pente escarpée orientée vers la mer sert de résidence secondaire. Lors de son ébauche, les architectes ont joué avec la transition du volume massif vers la transparence : l'entrée de cette maison à deux étages habillée de bois de cèdre et de tôle de cuivre est mise en valeur par un mur massif en pierres de taille qui protège la maison de l'extérieur.
À l'intérieur, les passages et la cage d'escalier forment des zones de jonction : de grandes surfaces translucides assurent une parfaite isolation thermique tout en laissant délicatement filtrer la lumière. L'espace baigne dans une atmosphère identique à celle des maisons traditionnelles japonaises. De petites fenêtres offrent une vue magnifique sur le paysage. De l'extérieur, cette partie d'aspect massif dans la journée se met à briller d'une lumière douce venue de l'intérieur à la tombée de la nuit.
Les grandes fenêtres panoramiques, dont sont dotés le séjour et les chambres, s'ouvrent à perte de vue sur la mer et la nature environnante.

Das Haus ist an einem steil zu einem See hin abfallenden Hang gelegen und dient als Wochenenddomizil. Die Architekten spielten bei dem Entwurf des Hauses mit dem Übergang von Massivität zu Transparenz. Der Eingang des mit Zedernholz und bleibeschichteten Kupferblechen verkleideten zweigeschossigen Hauses wird von einer massiven Feldsteinmauer markiert, die das Haus nach außen abschirmt.
Die inneren Erschließungswege und das Treppenhaus sind Übergangsbereiche: Große Flächen transluzenter Wärmedämmung lassen weich gefiltertes Licht nach innen dringen. Auf diese Weise entsteht eine Atmosphäre wie in einem traditionellen japanischen Haus. Hier und da erlauben kleine Fenster vereinzelte Blicke nach außen. Von außen wirkt dieses Material bei Tageslicht massiv, und erst in der Dämmerung beginnt es durch das Licht von innen sanft zu leuchten.
Die eigentlichen Wohn- und Schlafräume bieten schließlich durch große Panoramafenster einen ungehinderten Ausblick auf den See und die umgebende Natur.

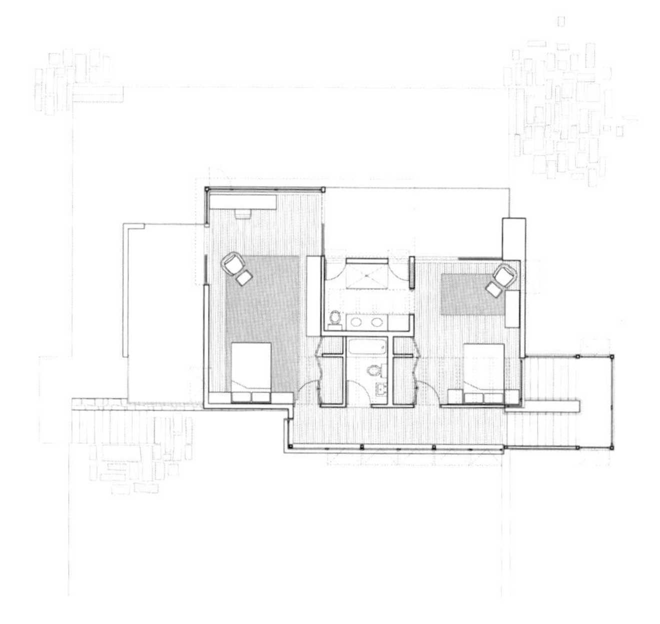

First floor · Premier étage · Erstes Obergeschoss

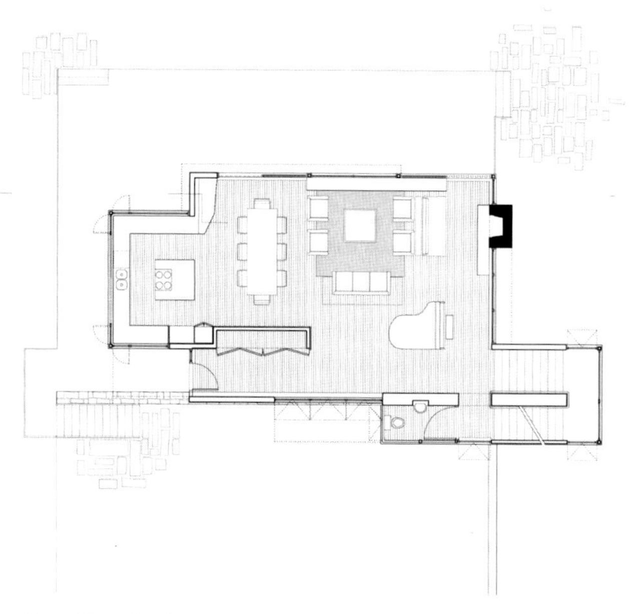

Ground floor · Rez-de-chaussée · Erdgeschoss

The large panoramic windows of the living room look out over the water.
Les grandes fenêtres panoramiques des pièces à vivre s'ouvrent sur la mer.
Von den Wohnräumen aus eröffnet sich durch große Panoramafenster der Ausblick auf den See.

Butterfly House

Sydney, Australia, 2005
Lippmann Associates
Photos © Willem Rethmeier

This 420 m^2 residential house was built for a Chinese businessman who insisted that the house have no straight lines to avoid hindering the flow of "Qi", the pure energy defined in the philosophy of Feng Shui. The architect designed a dramatically moving structure of aluminium and glass, a composition of waving and curved forms that makes the most of the house's spectacular location between Sydney Cove and the Pacific Ocean. The building's overall floor plan is reminiscent of a butterfly. The wing containing the living quarters lies to the west facing Sydney Cove, while the bedroom is located to the east facing the Pacific. The open-plan, curved glass façade, which incorporates the most recent developments in glass technology, allows for direct views of the surrounding landscape throughout the house, while a roof overhang to the north protects the house from the intense afternoon sunlight.

Cette maison de 420 m^2 a été construite pour un homme d'affaires chinois. Le client avait insisté sur le fait qu'elle ne devait présenter « aucune ligne droite », afin de ne pas entraver le flux du « Chi », l'énergie pure tirée de l'enseignement du Feng Shui. L'architecte a répondu à ce souhait par des volumes dynamiques, en aluminium et en verre, qui semblent avancer et reculer. Cette composition aux formes ondulantes profite ainsi pleinement de l'emplacement privilégié de la maison, construite entre la baie de Sydney et l'océan Pacifique. Sur le plan, la forme du bâtiment rappelle un papillon. Les pièces à vivre, réparties dans les ailes du papillon, sont orientées vers l'ouest et le port de Sydney ; l'aile des chambres pointe vers l'est, le Pacifique. D'immenses surfaces en verre arrondies, que les récentes avancées technologiques permettent de réaliser aujourd'hui avec ce matériau, s'ouvrent sur le paysage environnant. Le toit en avancée du côté nord protège du soleil brûlant de l'après-midi.

Das 420 m^2 große Wohnhaus wurde für einen chinesischen Geschäftsmann erbaut, der darauf bestand, dass das Haus „keine gerade Linie" haben solle, um das ungehinderte Fließen des „Chi", der reinen Energie nach der Feng-Shui-Lehre, nicht zu beeinträchtigen. Der Architekt entwarf ein mal vorspringendes, mal zurückweichendes Volumen aus Aluminium und Glas, eine dramatische Komposition aus gewellten und gekrümmten Formen, die die spektakuläre Lage des Hauses zwischen der Bucht von Sydney und dem Pazifischen Ozean perfekt ausnutzt. Im Grundriss erinnert die Form des Gebäudes an einen Schmetterling. Der Flügel mit den Wohnräumen liegt nach Westen zum Hafen von Sydney, der Schlafzimmertrakt weist dagegen nach Osten zum Pazifik. Die durchgehende, gekrümmte Glasfassade, die den neuesten Entwicklungsstand der Glastechnologie widerspiegelt, erlaubt überall im Haus einen unverstellten Blick auf die Umgebung. Ein weiter Dachüberstand nach Norden schützt vor der intensiven Mittagssonne.

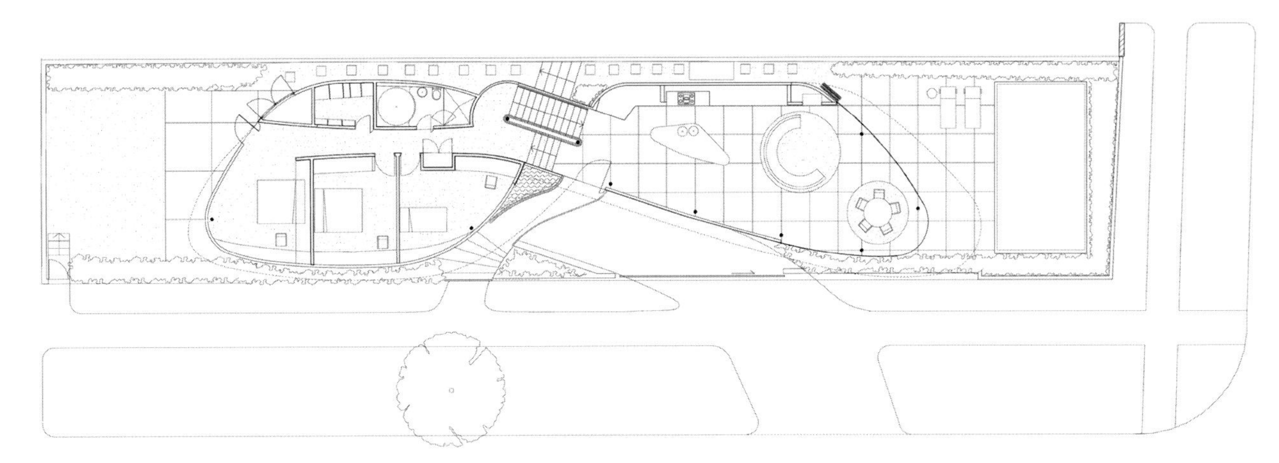

Plan · Plan · Grundriss

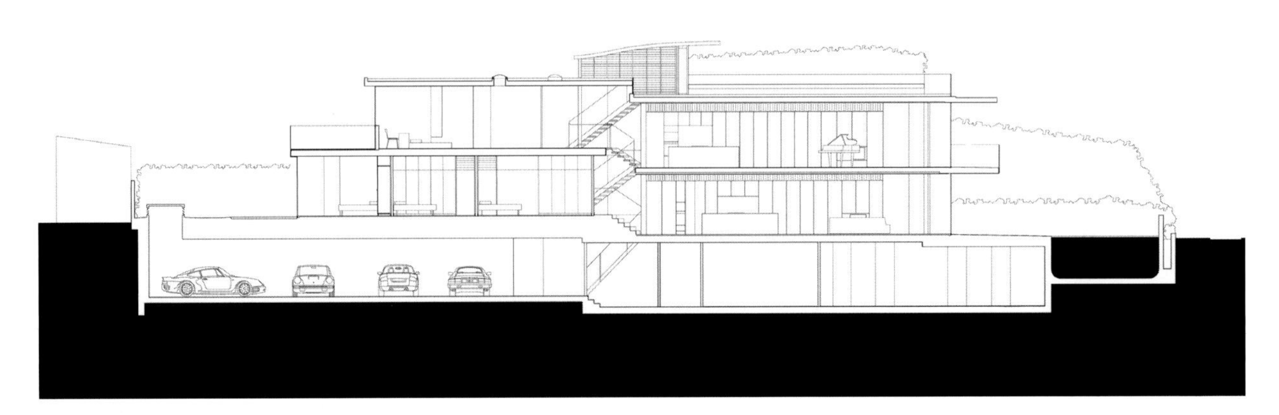

Section · Section · Schnitt

The owner's preference for organic shapes is reflected in the interior design of the house. Intense colours set off the otherwise white interior.

Le goût du maître d'œuvre pour les formes organiques se reflète également dans l'aménagement intérieur de la maison. Les couleurs vives font ressortir l'intérieur par ailleurs tout blanc.

Die Vorliebe des Bauherrn für organische Formen spiegelt sich auch in der Innenausstattung des Hauses wider. Kräftige Farben setzen Akzente im ansonsten durchweg weißen Interieur.

Eugenio Sue 133

México DF, Mexico, 2006
Manuel Cervantes Cespedes, CC Arquitectos
Photos © Luis Gordoa

At the core of the design for this house in Mexico City was the idea of providing the inhabitants with a retreat from the urban chaos. The clear, simple and yet generous living quarters were to contrast with the crowdedness and constriction of the city. The building's basic shape was also determined by the limitations imposed by local building regulations. Expanding the house beyond these limitations was only possible in a figurative sense. Part of the façade was made entirely of glass so that enough natural light would fill the living quarters, thus conveying the impression of expansiveness. This also created an unimpeded view of the trees on the other side of the narrow street. The opaque glass wall is an elegant way of shielding the sunken courtyard from the street. The architects chose long-lasting, unostentatious construction materials such as pale limestone for the façade, and hardwood floors and plastered walls for the interior.

Le concept de cette maison, située à Mexico, allait concrétiser l'objectif de ses habitants désireux d'y trouver un refuge au milieu du désordre urbain de la métropole. Des pièces à vivre claires, sobres mais spacieuses devaient contraster avec la confusion et l'exiguïté de la ville. Il fallait que la forme du bâtiment respecte les restrictions imposées par les normes de construction locales. Un élargissement supplémentaire du bâtiment se révélant d'emblée impossible, le maître d'œuvre a opté pour une façade en grande partie vitrée, afin que les espaces intérieurs reçoivent suffisament de lumière naturelle et paraissent plus grands. La vue est donc dégagée jusqu'à la cime des arbres bordant le côté opposé de la rue étroite. Une paroi en verre dépoli constituait une solution élégante pour protéger la cour en contrebas. En ce qui concerne les matériaux, les architectes ont choisi des matières solides mais élégantes, comme la pierre à chaux claire utilisée pour la façade ou le parquet et les parois en crépi pour l'intérieur.

Im Vordergrund des Entwurfs für ein Wohnhaus in Mexiko-Stadt stand der Gedanke, seinen Bewohnern im urbanen Chaos der Metropole einen Rückzugsort zu schaffen. Die Unübersichtlichkeit und Enge der Stadt sollte durch klare, einfache, doch zugleich großzügige Wohnräume kontrastiert werden. Die Grundform des Gebäudes resultierte aus den Beschränkungen der örtlichen Bauvorschriften. Eine darüber hinausgehende Erweiterung des Gebäudes war also nur im übertragenen Sinne möglich, weshalb ein Teil der Fassade komplett verglast wurde, um den Wohnungen ausreichend natürliches Licht zu geben und den Eindruck von Großzügigkeit zu vermitteln. Zudem wurde so der Blick frei auf die Baumkronen der gegenüberliegenden schmalen Straßenseite. Eine elegante Lösung, um den tiefer gelegenen Hof von der Straße abzuschirmen, ist die Wand aus mattem Glas. Bei der Materialwahl konzentrierten sich die Architekten auf dauerhafte, aber nicht zu auffällige Baustoffe, wie zum Beispiel hellen Kalkstein für die Fassade oder Holzparkett und verputzte Wände für die Innenräume.

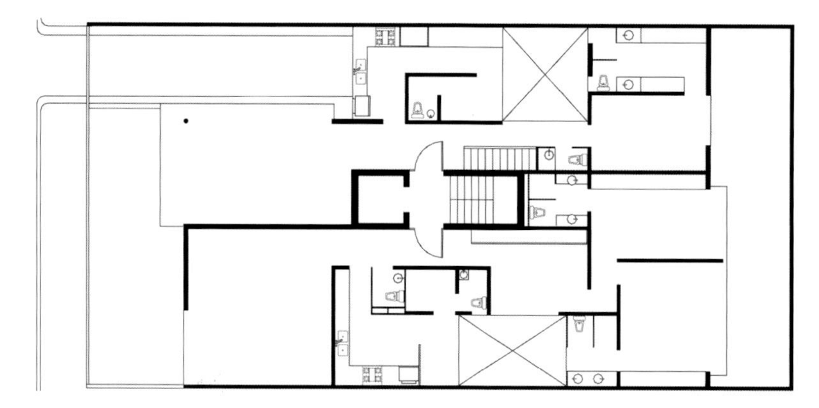

Upper level · Niveau supérieur · Obere Ebene

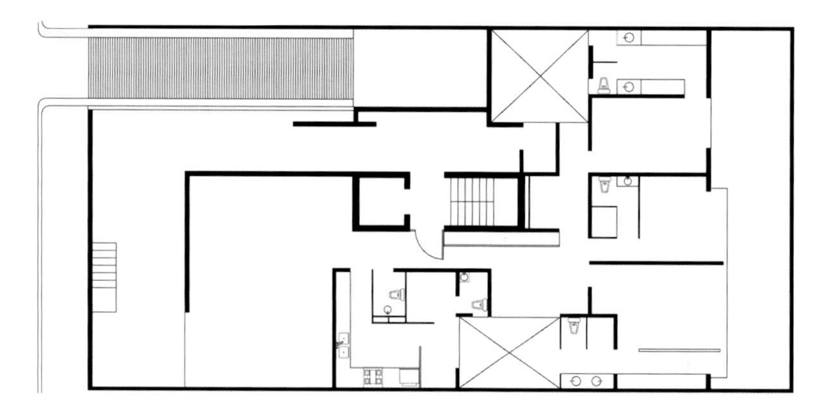

Lower level · Niveau inférieur · Untere Ebene

GUGGENHEIM

The house is entered through the sunken patio, next to which is the ramp to the basement garage.
La maison est accessible par le patio situé en contrebas. Tout à côté part la rampe d'accès au garage souterrain.
Das Haus wird über den tiefer gelegenen Patio erschlossen. Daneben befindet sich die Rampe der Tiefgarage.

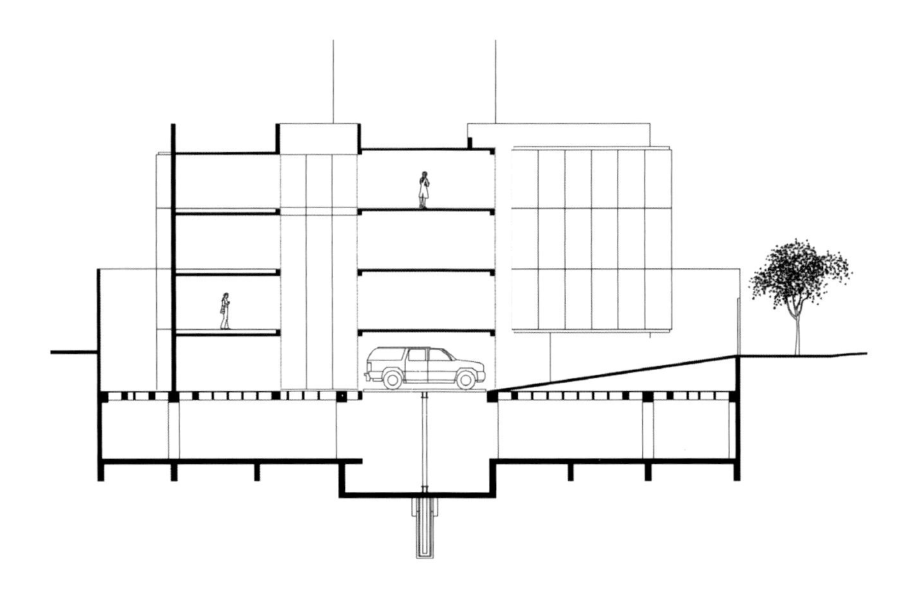

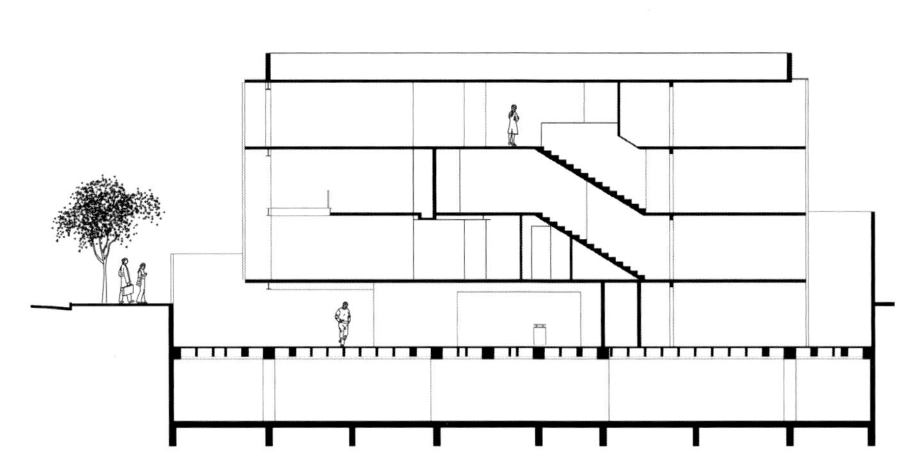

Sections · Sections · Schnitte

133

House in "Las Casuarinas"

Lima, Peru, 2005
Javier Artadi
Photos © Alexander Kornhuber

The basic concept of this large house overlooking Lima is three cuboids offset at 90° angles. A long wing running parallel to the steep hillside contains the bedrooms and living quarters. A vertical stairway connects the individual levels of the four-storey building, while a volume dramatically stretching five metres outwards from the building creates space for the large living room, the front side of which consists of a large window. These three simple, pristine white main structures are interconnected, thus creating a kind of three-dimensional sculpture. The secondary elements, which are painted an earthen colour or made of quarry stone, retreat behind these defining forms. The transition from the closed wall surfaces to the wide-open glass is subtle, and the result is a unified, harmonious composition that stands out among the other buildings on this densely developed hillside. The parapets have been made of shatterproof glass to maintain the sense of transparency.

Cette immense habitation avec vue sur Lima se compose de trois cubes, décalés les uns des autres de 90°. Une longue aile, parallèle à la pente escarpée abrite les chambres et l'espace à vivre ; les quatre niveaux du bâtiment sont reliés par un cage d'escalier. Un très spectaculaire volume en saillie de 5 m dégage de l'espace pour la salle de séjour, dont la façade est entièrement vitrée. L'imbrication de ces trois corps sobres et d'un blanc immaculé forme un genre de sculpture en trois dimensions. Les soubassements, partiellement peints en gris-brun et partiellement construits en moellons, s'effacent derrière la structure tridimensionnelle de la maison. L'alternance entre des parois aveugles et de larges surfaces vitrées ouvertes sur le monde se révèle très judicieuse et crée une unité harmonieuse ; juchée sur une colline, la maison accroche le regard. Des garde-corps en verre incassable ont été choisis pour ne pas nuire à cet effet de transparence.

Die Grundidee des großen Wohnhauses mit Blick auf Lima basiert auf drei Kuben, die um jeweils 90° zueinander versetzt sind. Ein langer Trakt, der parallel zu dem steilen Abhang verläuft, birgt die Schlaf- und Familienräume. Ein vertikales Treppenhaus verbindet die einzelnen Ebenen des viergeschossigen Gebäudes miteinander, und ein nahezu dramatisch wirkendes, um 5 m auskragendes Volumen bietet dem großen Wohnraum Platz, dessen Stirnseite eine einzige Fensterfront ist. Diese drei schlichten, in makellosem Weiß gehaltenen Hauptkörper sind ineinander verschränkt und bilden eine dreidimensionale Skulptur. Die graubraun gestrichenen oder in Bruchstein gemauerten, untergeordneten Teile des Hauses treten hinter dieser bestimmenden Form zurück. Der Wechsel von geschlossenen Wand- und weit geöffneten Glasflächen ist fein austariert und zu einer stimmigen Einheit komponiert, die auf dem dicht bebauten Hügel zu einem Blickfang wird. Brüstungen sind aus bruchsicherem Glas, um den Eindruck der Transparenz nicht zu stören.

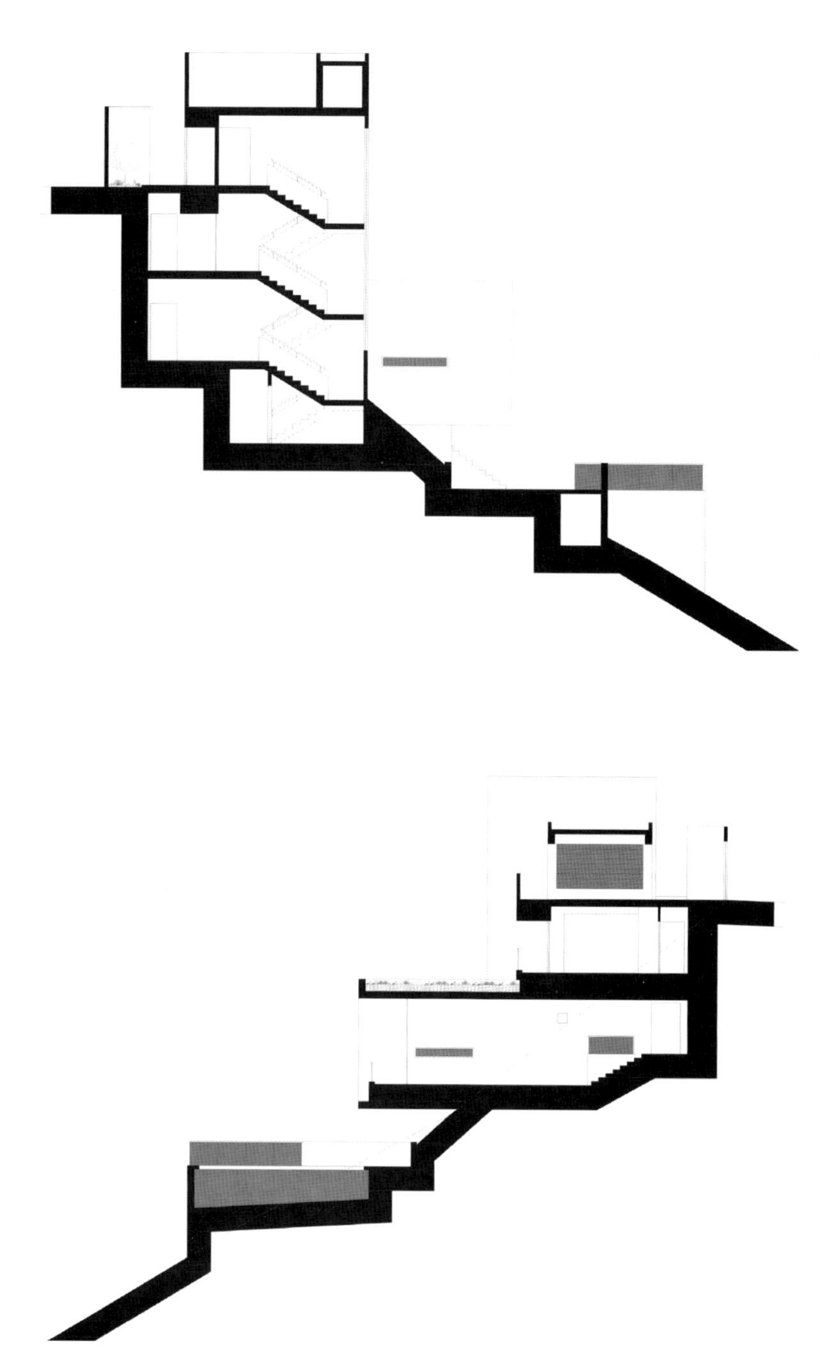

Sections · Sections · Schnitte

The house's composition of interconnected cuboids makes it seem like a Constructivist sculpture.

Les cubes décalés, qui composent la maison, lui donnent l'aspect d'une sculpture constructiviste.

Die Komposition von ineinander gesteckten Kuben, aus denen sich das Haus zusammensetzt, lassen es wie eine konstruktivistische Skulptur wirken.

Jens Bang's Guest House

Struer, Denmark
Jan Søndergaard, KHR Arkitekter AS
Photos © Ib Sørensen

The majestic landscape on the Limfjord in Denmark inspired the architects in their design of this extraordinary vacation home. The building is situated on a downward slope that features an extensive view of undeveloped sand dunes and fields. The bright, intense light of the Danish coast played a key role in defining the main design feature: the extensive glass on three sides and the roof. Only the side of the house that faces south towards the cliff is entirely opaque. The house's basic structure has been defined by two building elements: first, the slate-encased concrete slab that stretches from the eastern to the western terrace and serves as a base for both, and secondly, the copper shell that envelopes the walls and roof. Both serve to harmoniously integrate the building into the coastal landscape. The house features a steel structure with wooden bracing. The façade cladding is made of felt with a thin copper coating.

Le paysage majestueux du fjord de Lim, au Danemark, a inspiré les architectes pour l'ébauche de cette résidence secondaire insolite, perchée sur une pente depuis laquelle s'ouvre une vue plus large sur un paysage sauvage de dunes et de prairies. C'est l'intensité lumineuse caractéristique de la côte danoise qui a dicté l'idée maîtresse du projet : trois côtés et le toit de la maison en grande partie vitrés. Seul le côté orienté vers le Sud est totalement aveugle. La structure générale repose sur deux éléments architecturaux : une dalle de béton recouverte d'ardoises, base qui s'étend de la terrasse à l'est à celle à l'ouest, et le revêtement de cuivre sur les parois et le toit. Le bâtiment s'insère harmonieusement dans le paysage côtier. Il est porté par une construction en acier associée à des éléments en bois et fine couche de cuivre recouvre les murs extérieurs.

Die majestätische Landschaft am dänischen Limfjord inspirierte die Architekten beim Entwurf dieses ungewöhnlichen Ferienhauses. Es liegt an einem Abhang, von dem aus sich ein weiter Blick auf eine unbebaute Dünen- und Wiesenlandschaft eröffnet. Das helle, intensive Licht an der dänischen Küste bestimmte den zentralen Entwurfsgedanken – die weitgehende Verglasung an drei Seiten und auch im Dach des Hauses. Lediglich die nach Süden zum Hang hin gelegene Seite ist vollkommen geschlossen. Die Grundstruktur des Hauses wird von zwei baulichen Elementen bestimmt: Zum einen von der mit Schiefer verkleideten Betonplatte, die sich als Basis von der Ost- bis zur Westterrasse erstreckt, und zum anderen von einer Kupferhülle, die Wände und Dach ummantelt. Das Gebäude fügt sich so harmonisch in die Küstenlandschaft ein. Das Haus besitzt eine Stahlkonstruktion mit Ausfachungen aus Holzelementen; die Fassadenverkleidung besteht aus Filz mit einer dünnen Kupferschicht.

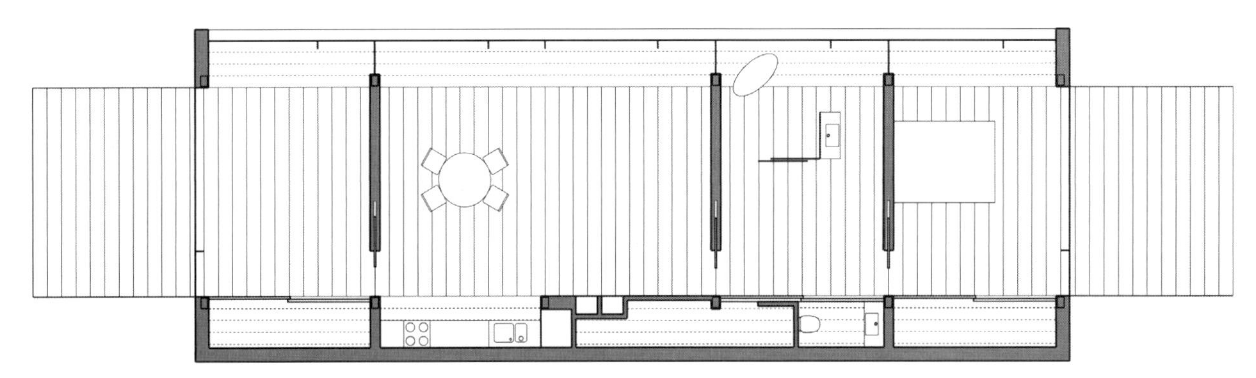

Plan · Plan · Grundriss

Along the closed southern wall of the house are cabinets, a storage room, a bathroom, a fireplace and a kitchenette. From the bathtub there is panoramic view of the Limfjord bay.

Le long de la paroi sud aveugle de la maison s'alignent des placards, un débarras, des toilettes, une cheminée et un coin cuisine. Depuis la baignoire, on jouit d'une vue panoramique sur le fjord de Lim.

Entlang der geschlossenen Südwand des Hauses sind Wandschränke, Abstellraum, WC, Kamin und Küchenzeile aufgereiht. Von der Badewanne aus bietet sich ein Panoramablick auf den Limfjord.

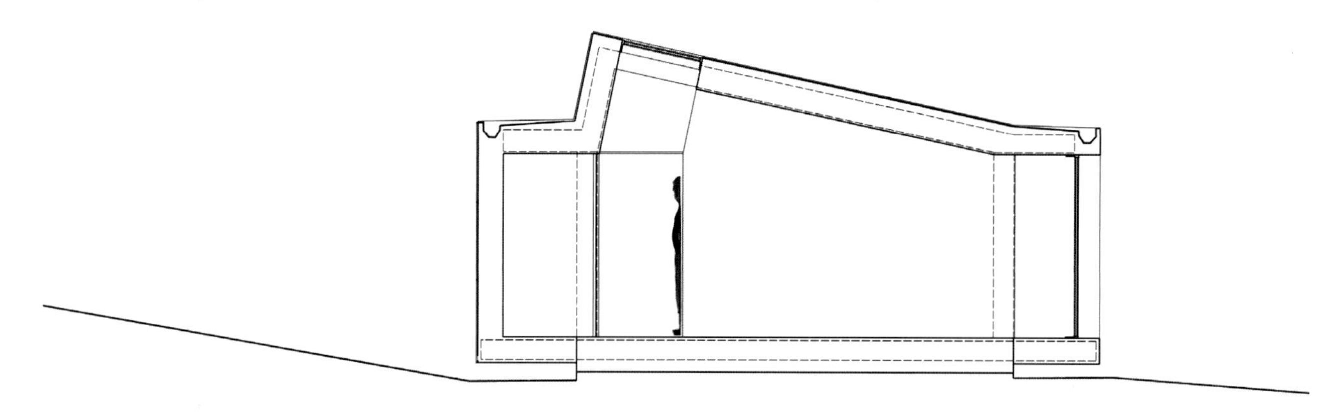

Section · Section · Schnitt

Fullagar Residence

Sydney, Australia, 2005
Stephen Varady Architecture
Photos © Stephen Varady, John Gollings

The interplay of light and colour is essential to the design of this house. In choosing and coordinating the colours for the exterior façade, the architects and client (the owner of a construction company) were guided by the colour theories of Kazimir Malevich and the Bauhaus pedagogues Johannes Itten and Josef Albers. The interior is dominated by compositions of autonomous colour that stretch over the walls, ceiling and furniture. The impression created is that of an abstract painting experienced in three dimensions. The colour only achieves its full effect when it interacts with the bright sunlight that filters in through the glass shell, which varies from large glass surfaces, to divided and subdivided panes, to classic double-glazed windows.

L'interaction de la lumière et de la couleur est au cœur du concept de cette maison que les architectes et le client, propriétaire d'une entreprise du bâtiment, ont imaginée conjointement. Pour le camaïeu de couleurs de la façade, ils se sont inspirés des théories de Kasimir Malewitsch et des enseignants du Bauhaus, Johannes Itten et Josef Albers. À l'intérieur, la composition, formée par des surfaces individuelles de murs, de plafonds et de meubles peintes différemment, plante le décor et évoque une œuvre d'art abstraite en trois dimensions. Les tons choisis doivent leur intensité essentiellement à la lumière du jour qui pénètre abondamment et qui joue avec le vitrage de la maison, association de grandes baies, de fenêtres classiques à deux battants et de carreaux irréguliers à croisillons.

Die Wechselwirkung von Licht und Farbe steht im Mittelpunkt des Entwurfs für dieses Haus. Die Architekten, die das Haus gemeinsam mit dem Auftraggeber, dem Inhaber einer Baufirma, planten, ließen sich bei der Wahl der aufeinander abgestimmten Farben der Außenfassade von den Farbtheorien Kasimir Malewitschs und der Bauhauslehrer Johannes Itten und Josef Albers leiten. Im Inneren prägen Kompositionen autonomer, über Wand, Decke und Möbel reichender Farbflächen das Bild. Es entsteht der Eindruck eines abstrakten Kunstwerks, das dreidimensional erfahrbar ist. Ihre volle Wirkung entfaltet die Farbe jedoch erst durch das Zusammenspiel mit dem gezielt eingesetzten, reichlich einfallenden Tageslicht. Die Verglasung des Hauses variiert von großen Glasfronten über mehrfach unterteilte Scheiben bis hin zum klassischen zweiflügligen Fenster.

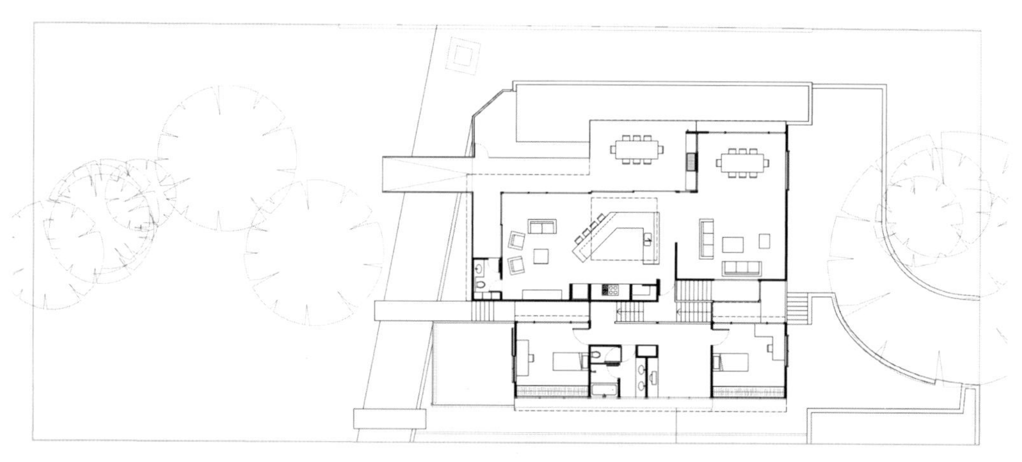

Plan · Plan · Grundriss

The interplay of the intense sunlight affords the colours their full effect.
Le jeu de la lumière qui pénètre abondamment permet aux couleurs de développer toute leur intensité.
Durch das Zusammenspiel mit dem reichlich einfallenden Tageslicht entfaltet die Farbe ihre volle Wirkung.

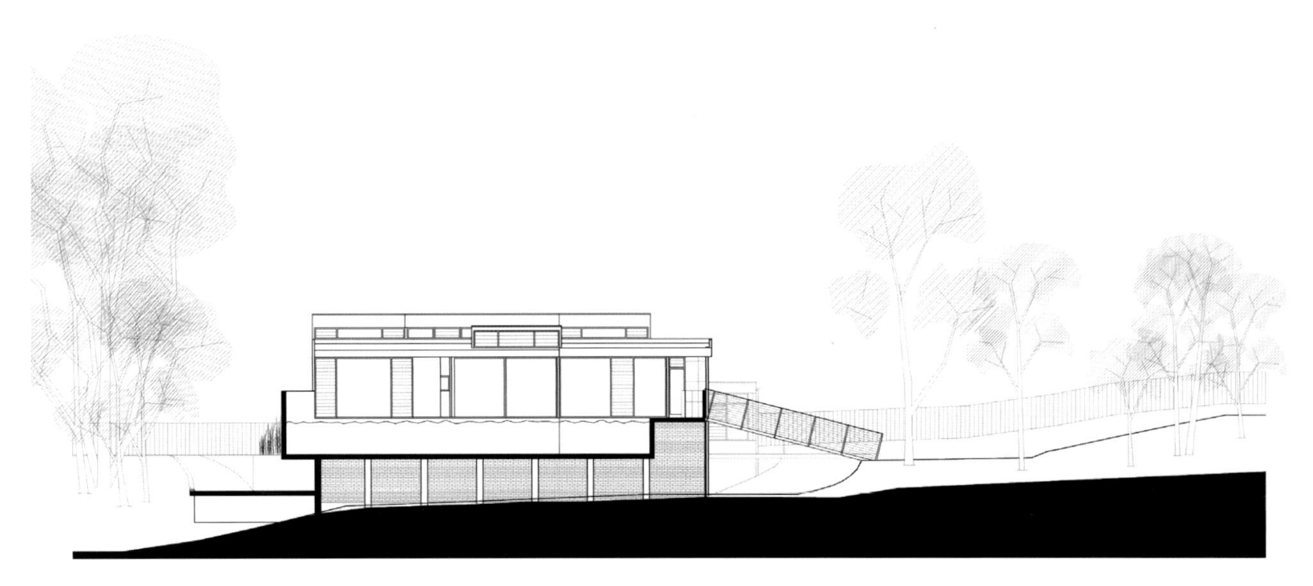

Elevation · Élévation · Aufriss

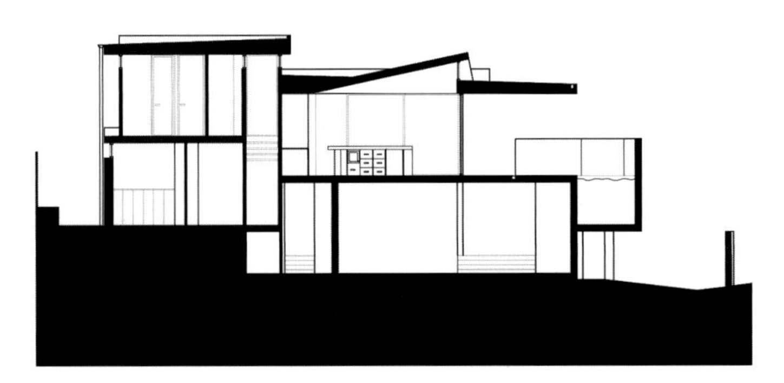

Section · Section · Schnitt

House +848,50

Innsbruck-Hungerburg, Austria, 2005
Tatanka Ideenvertriebs GmbH
Photos © Paul Ott

The site for this house on the edge of Innsbruck lies 848.5 metres above sea level. This fact was so important to the client that it gave the house its name. Height is almost always a synonym for freedom, and the house radiates freedom. It is characterized by a tension-laden contrast between opaque and glass surfaces that incorporate fascinating configurations of materials and forms. The large glass façades allow for extensive views of the Alps over the roofs of the surrounding buildings. Excessive sunlight is kept out by the overlapping, thin, projecting roofs, although the lower winter sun does shine into the house to brighten the interior. The sun's reflection on the water surfaces around the house brings additional light into the rooms.

Le terrain à bâtir de cette maison près d'Innsbruck s'élève à 848,5 m au-dessus du niveau de la mer, un détail tellement important pour le maître d'œuvre qu'il en a baptisé la maison. L'altitude est toujours synonyme de liberté, notion incontestablement omniprésente ici. Cette habitation se distingue par un contraste extrême entre des surfaces aveugles et d'autres vitrées qui constituent un intéressant mélange de matériaux et de formes. Les immenses baies vitrées s'ouvrent sur les toits des habitations environnantes et le panorama alpin. De profonds auvents peu épais empêchent le soleil d'inonder trop abondamment l'intérieur, tandis que la lumière du jour moins intense en hiver y pénètre facilement. La réflexion du soleil sur les plans d'eau aménagés tout autour de la maison contribue à rendre les pièces encore plus lumineuses.

Das Baugelände für dieses Haus am Rande von Innsbruck liegt 848,50 m über NN. Diese Höhe war dem Bauherrn so wichtig, dass er schließlich sogar das Haus danach benannte. Höhe ist immer auch ein Synonym für Freiheit, und diese strahlt das Haus zweifellos aus. Es ist charakterisiert durch einen äußerst spannungsreichen Kontrast aus geschlossenen und verglasten Flächen, die immer wieder interessante Material- und Formkonstellationen eingehen. Die großen Glasfronten ermöglichen einen weiten Blick über die Dächer der umgebenden Bebauung hinweg auf das Alpenpanorama. Übermäßige Sonneneinstrahlung wird durch weit auskragende dünne Vordächer verhindert, die niedrig stehende Sonne kann jedoch im Winter weit in das Haus eindringen, um es mit dem dann spärlicheren Tageslicht zu erhellen. Auch die Reflexion der Sonne in den Wasserflächen rund um das Haus bringt zusätzliches Licht in die Innenräume.

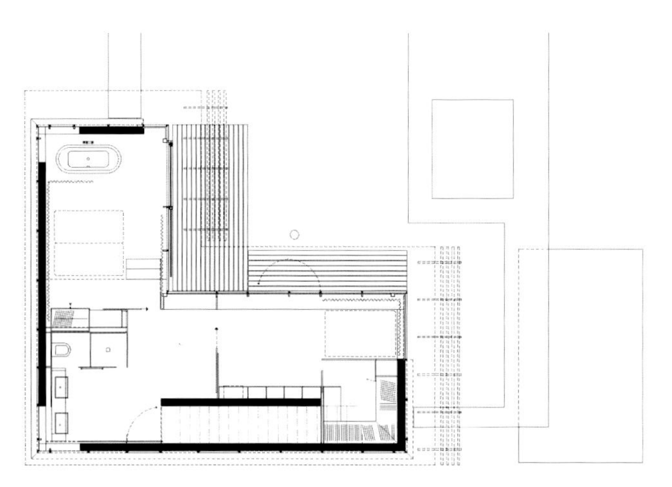

First floor · Premier étage · Erstes Obergeschoss

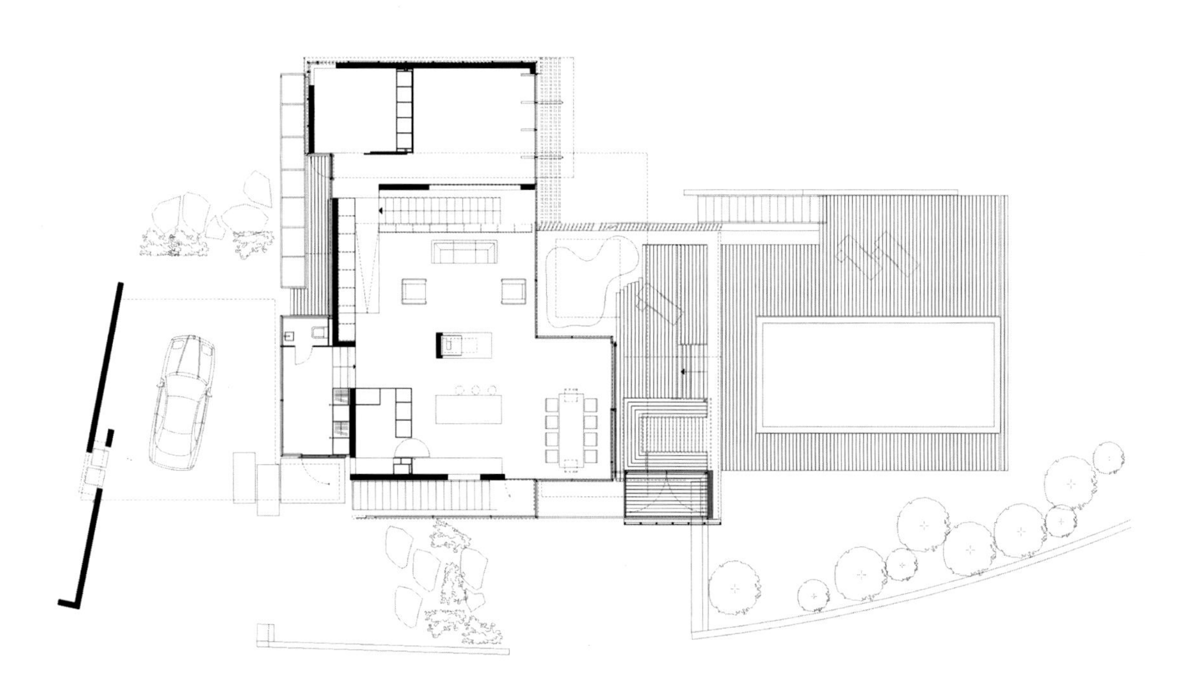

Ground floor · Rez-de-chaussée · Erdgeschoss

The interior rooms are characterized by tension-laden contrasts between the opaque walls and glass surfaces.
L'intérieur se caractérise par un contraste radical entre des surfaces aveugles et de grands vitrages.
Die Innenräume bieten spannungsreiche Kontraste aus geschlossenen und verglasten Flächen.

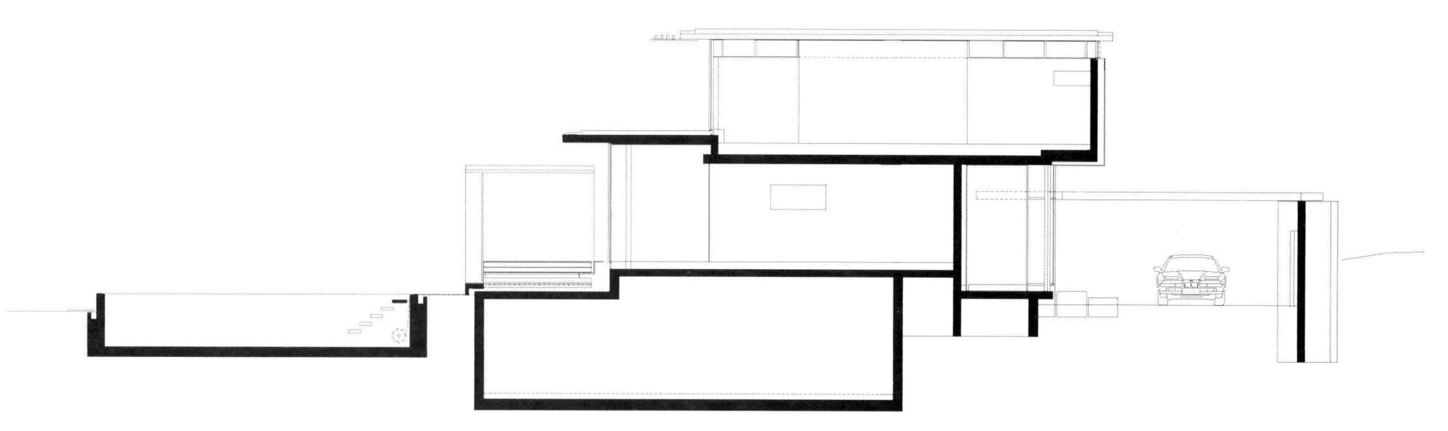

Section · Section · Schnitt

Trollveien / Velliveien

Jar, Norway, 2003
SKAARA Arkitekter AS
Photos © Espen Grønli, Kim Skaara

On a sloping plot bounded by streets both above and below, the architects were charged with building two essentially identical detached houses. The centrepiece of each two-storey house is the completely glass-encased living room, situated in a corner of the building and featuring unimpeded views of the Oslo fjord over the other houses. The blinds installed outside regulate the amount of sunlight that shines in. Though at first they appear to be inspired by the forms of classical modernism, the houses have not been built with brick or concrete but with insulated wood. The façade is made of pine, the floors of oiled ash. Though both houses were supposed to be painted white, the colour of choice for modern architecture, the owners decided to paint one of the houses light grey, which tends to weaken the sense of a harmonious ensemble.

Pour ce projet, les architectes avaient à bâtir deux maisons individuelles pratiquement identiques sur un terrain en pente, délimité par une rue dans ses parties supérieure et inférieure. L'espace principal de ces habitations à deux étages est occupé par la pièce à vivre totalement vitrée et construite en angle, depuis laquelle les habitants jouissent d'une vue dégagée jusqu'au fjord d'Oslo par-dessus les toits. Les stores montés à l'extérieur protègent contre une trop forte intrusion du soleil. Les maisons, qui à première vue semblent s'inspirer de la construction moderne conventionnelle, ne sont toutefois pas en briques ou en béton, mais en bois, un excellent isolant thermique. On a choisi du pin pour la façade. Le parquet est en frêne huilé. Alors que le projet initial prévoyait de peindre les deux maisons en blanc, conformément à l'architecture moderne, les clients ont préféré un gris clair pour l'une d'elles, ce qui rend l'ensemble plus doux.

Auf einem Hanggrundstück, das sowohl oben als auch unten von einer Straße begrenzt ist, sollten die Architekten zwei im Wesentlichen identische Einfamilienhäuser errichten. Im Zentrum der zweigeschossigen Häuser steht der in einer Ecke des Gebäudes liegende, vollständig verglaste Wohnraum, der seinen Bewohnern über die gegenüberliegende Bebauung hinweg einen unverstellten Blick auf den Oslofjord gewährt. Die außen angebrachten Jalousien verhindern übermäßige Sonneneinstrahlung. Die Häuser, die auf den ersten Blick von der Formensprache der klassischen Moderne inspiriert zu sein scheinen, sind jedoch nicht aus Ziegel oder Beton errichtet, sondern wärmegedämmte Holzkonstruktionen: Das Fassadenmaterial ist Kiefernholz, das Holzparkett besteht aus geöltem Eschenholz. Obwohl beide Häuser in Weiß, der klassischen Farbe der modernen Architektur, gestrichen werden sollten, entschieden sich die Bauherren bei einem der beiden Häuser für ein helles Grau, wodurch die Ensemblewirkung abgeschwächt wurde.

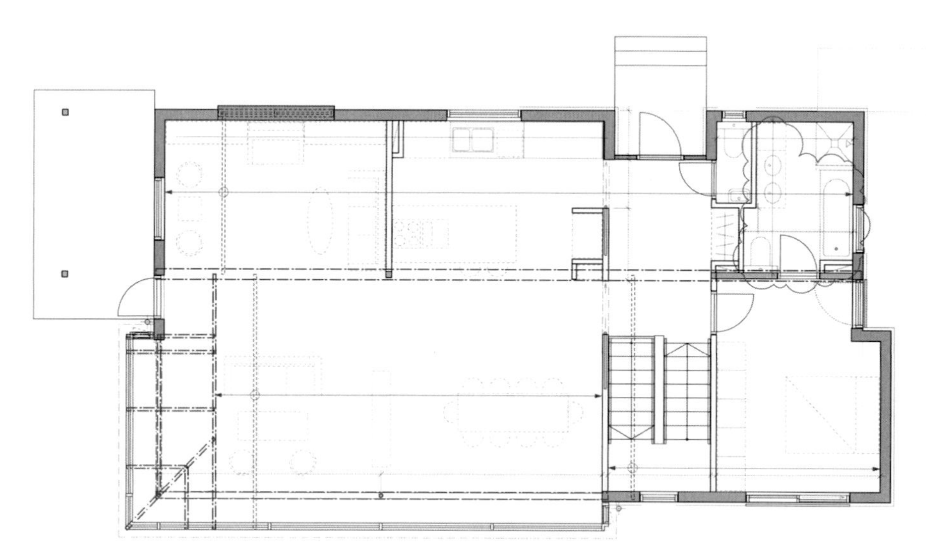

Ground floor · Rez-de-chaussée · Erdgeschoss

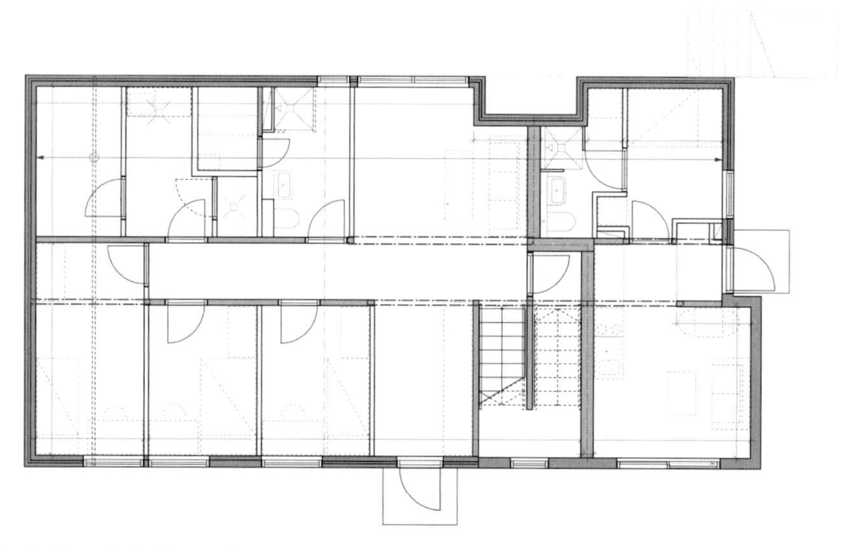

First floor · Premier étage · Erstes Obergeschoss

The open-concept living and dining area is the centrepiece of the house. The colour selection, dominated by natural tones, is discreet.

L'espace à vivre et le coin repas ouverts constituent le cœur de la maison. Tout l'intérieur est aménagé dans de délicats tons naturels.

Der offen gestaltete Wohn- und Essbereich ist das Herzstück des Hauses. Die Farbgebung ist dezent in Naturtönen gehalten.

T House

Graz, Austria, 2005
Feyferlik/Fritzer
Photos © Paul Ott

This house, which belongs to a family of four, is situated on a hill in what was formerly a country park. The ancient, majestic trees on the property had to be preserved, yet the expansive house was to consist of a single storey to avoid obstructing the neighbour's views. The architects resolved these difficulties by wrapping the glass structure closely around the dense trees and by only using a single foundation in certain areas so as not to endanger or damage the root system. Three sides of the house's façade consist of glass, providing the residents with a view of the surrounding hills from the living room and bedrooms and allowing for close contact with nature. The north-facing façade was covered with a sheet of black plastic, which functions as a continuation of the roof cladding. The interior, which is defined by its materials – steel, wood and exposed concrete – is almost free of supports thanks to a steel framework on the roof.

Cette maison d'une famille de quatre personnes est située sur une pente, dans un ancien parc paysager. D'une part, le client tenait à conserver les vieux arbres présents sur le terrain et de l'autre, la maison spacieuse devait s'articuler autour d'un seul étage afin de ne pas obstruer la vue des voisins. La solution imaginée par les architectes consiste en un corps vitré bâti très près des arbres qui l'entourent. Il a fallu réaliser les fondations en plusieurs éléments individuels, afin de ne pas endommager, voire détruire les racines. Sur trois côtés de la maison, les façades sont totalement vitrées, ce qui permet aux habitants de voir les collines alentour et de vivre au milieu depuis la salle de séjour et les chambres. Côté nord en revanche, dans le prolongement du toit, le matériau est habillé d'un film plastifié noir. L'intérieur, composé d'acier, de bois et de béton apparent, est soutenu presque entièrement par une structure en acier posée sur le toit.

Das Haus einer vierköpfigen Familie liegt an einem Hang in einem ehemaligen Landschaftspark. Zum einen sollten die mächtigen alten Bäume auf dem Grundstück unbedingt erhalten werden, zum anderen sollte das großzügige Haus nur eingeschossig sein, um den Ausblick der Nachbarn nicht zu trüben. Die Architekten lösten die Aufgabe, indem sie den gläsernen Baukörper dicht um die eng stehenden Bäume herum planten und ihn teilweise auf Einzelfundamente auflagerten, um das Wurzelwerk nicht zu gefährden oder gar zu zerstören. An drei Seiten sind die Fassaden des Hauses komplett verglast, um seinen Bewohnern vom Wohn- und Schlafbereich her sowohl Ausblick auf die umgebenden Hügel, als auch einen möglichst engen Kontakt zur Natur zu ermöglichen. Die Nordfassade ist dagegen als Fortsetzung der Dachhaut mit einer schwarzen Kunststofffolie bespannt. Der Innenraum, der von den Materialien Stahl, Holz und Sichtbeton bestimmt wird, ist durch einen auf dem Dach liegenden stählernen Fachwerküberzug nahezu stützenfrei.

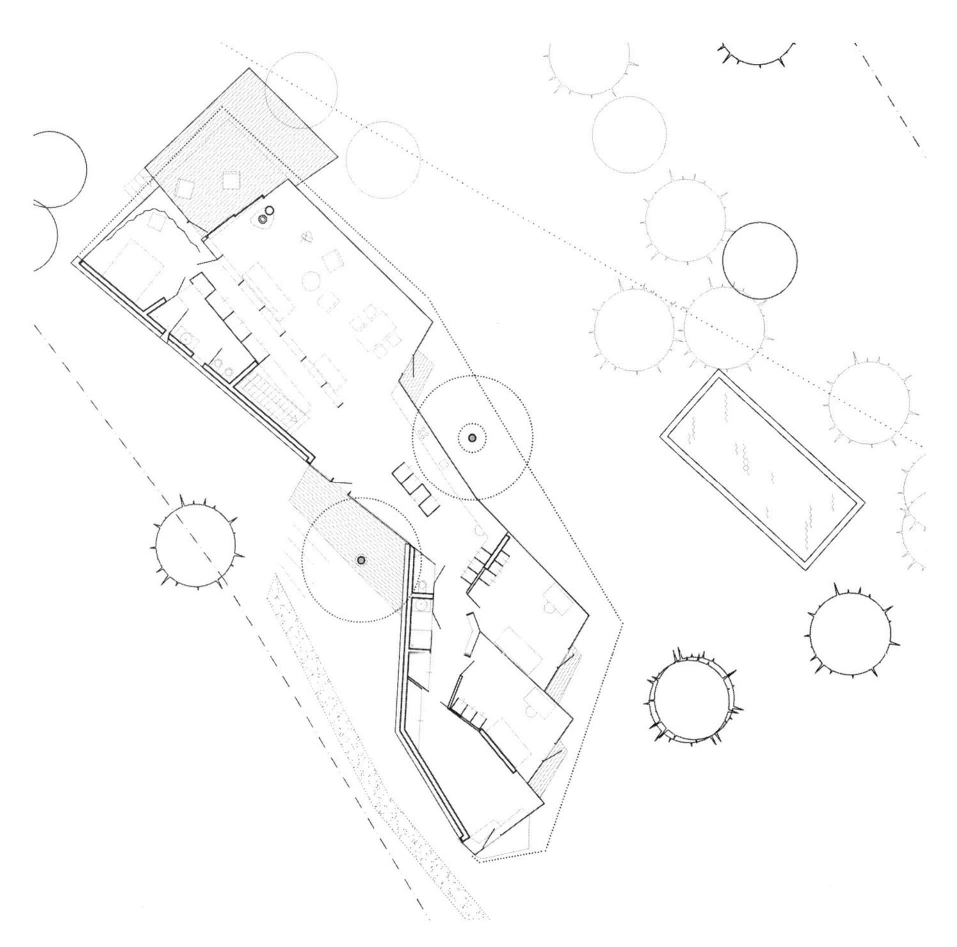

Plan · Plan · Grundriss

Thanks to the house's unique location, the family lives in close contact with the surrounding nature.
Grâce à la situation particulière de la maison, la vie familiale reste en étroit contact avec la nature environnante.
Durch die besondere Lage des Hauses spielt sich das Leben der Familie in engem Kontakt zur umgebenden Natur ab.

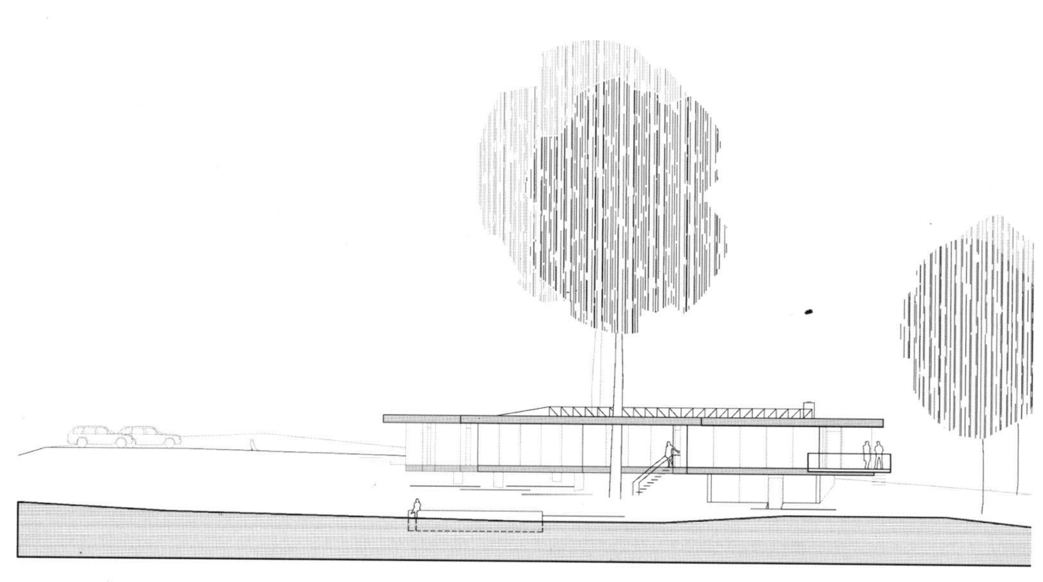

Elevation · Élévation · Aufriss